住房和城乡建设部标准定额研究所　　　　　建设工程造价技术资料

通用安装工程消耗量

TY 02-31-2021

第十一册　信息通信设备与线缆安装工程

TONGYONG ANZHUANG GONGCHENG XIAOHAOLIANG

DI-SHIYI CE XINXI TONGXIN SHEBEI YU XIANLAN ANZHUANG GONGCHENG

中国计划出版社

北　京

图书在版编目(CIP)数据

通用安装工程消耗量 : TY02-31-2021. 第十一册,
信息通信设备与线缆安装工程 / 住房和城乡建设部标准
定额研究所组织编制. -- 北京 : 中国计划出版社,
2022.2
　　ISBN 978-7-5182-1407-5

　　Ⅰ. ①通… Ⅱ. ①住… Ⅲ. ①建筑安装－消耗定额－
中国②通信设备－设备安装－消耗定额－中国③通信线路
－设备安装－消耗定额－中国 Ⅳ. ①TU723.3

　　中国版本图书馆CIP数据核字(2022)第002744号

责任编辑:沈　建　　　　封面设计:韩可斌
责任校对:王　巍　　　　责任印制:赵文斌　李　晨

中国计划出版社出版发行
网址:www.jhpress.com
地址:北京市西城区木樨地北里甲11号国宏大厦C座3层
邮政编码:100038　电话:(010)63906433(发行部)
北京市科星印刷有限责任公司印刷

880mm×1230mm　1/16　9.75印张　279千字
2022年2月第1版　2022年2月第1次印刷

定价:69.00元

前　言

　　工程造价是工程建设管理的重要内容。以人工、材料、机械消耗量分析为基础进行工程计价,是确定和控制工程造价的重要手段之一,也是基于成本的通用计价方法。长期以来,我国建立了以施工阶段为重点,涵盖房屋建筑、市政工程、轨道交通工程等各个专业的计价体系,为确定和控制工程造价、提高我国工程建设的投资效益发挥了重要作用。

　　随着我国工程建设技术的发展,新的工程技术、工艺、材料和设备不断涌现和应用,落后的工艺、材料、设备和施工组织方式不断被淘汰,工程建设中的人材机消耗量也随之发生变化。2020 年我部办公厅发布《工程造价改革工作方案》(建办标〔2020〕38 号),要求加快转变政府职能,优化概算定额、估算指标编制发布和动态管理,取消最高投标限价按定额计价的规定,逐步停止发布预算定额。为做好改革期间的过渡衔接,在住房和城乡建设部标准定额司的指导下,我所根据工程造价改革的精神,协调 2015 年版《房屋建筑与装饰工程消耗量定额》《市政工程消耗量定额》《通用安装工程消耗量定额》的部分主编单位、参编单位以及全国有关造价管理机构和专家,按照简明适用、动态调整的原则,对上述专业的消耗量定额进行了修订,形成了新的《房屋建筑与装饰工程消耗量》《市政工程消耗量》《通用安装工程消耗量》,由我所以技术资料形式印刷出版,供社会参考使用。

　　本次经过修订的各专业消耗量,是完成一定计量单位的分部分项工程人工、材料和机械用量,是一段时间内工程建设生产效率社会平均水平的反映。因每个工程项目情况不同,其设计方案、施工队伍、实际的市场信息、招投标竞争程度等内外条件各不相同,工程造价应当在本地区、企业实际人材机消耗量和市场价格的基础上,结合竞争规则、竞争激烈程度等参考选用与合理调整,不应机械地套用。使用本书消耗量造成的任何造价偏差由当事人自行负责。

　　本次修订中,各主编单位、参编单位、编制人员和审查人员付出了大量心血,在此一并表示感谢。由于水平所限,本书难免有所疏漏,执行中遇到的问题和反馈意见请及时联系主编单位。

住房和城乡建设部标准定额研究所

2021 年 11 月

总 说 明

一、《通用安装工程消耗量》共分十二册,包括:

第一册　机械设备安装工程

第二册　热力设备安装工程

第三册　静置设备与工艺金属结构制作安装工程

第四册　电气设备与线缆安装工程

第五册　建筑智能化工程

第六册　自动化控制仪表安装工程

第七册　通风空调安装工程

第八册　工业管道安装工程

第九册　消防安装工程

第十册　给排水、采暖、燃气安装工程

第十一册　信息通信设备与线缆安装工程

第十二册　防腐蚀、绝热工程

二、本消耗量适用于工业与民用新建、扩建工程项目中的通用安装工程。

三、本消耗量在《通用安装工程消耗量定额》TY 02-31-2015 基础上,以国家和有关行业发布的现行设计规程或规范、施工及验收规范、技术操作规程、质量评定标准、产品标准和安全操作规程、绿色建造规定、通用施工组织与施工技术等为依据编制。同时参考了有关省市、部委、行业、企业定额,以及典型工程设计、施工和其他资料。

四、本消耗量按照正常施工组织和施工条件,国内大多数施工企业采用的施工方法、机械装备水平、合理的劳动组织及工期进行编制。

1. 设备、材料、成品、半成品、构配件完整无损,符合质量标准和设计要求,附有合格证书和检验、试验合格记录。

2. 安装工程和土建工程之间的交叉作业合理、正常。

3. 正常的气候、地理条件和施工环境。

4. 安装地点、建筑物实体、设备基础、预留孔洞、预留埋件等均符合安装设计要求。

五、关于人工:

1. 本消耗量人工以合计工日表示,分别列出普工、一般技工和高级技工的工日消耗量。

2. 人工消耗量包括基本用工、辅助用工和人工幅度差。

3. 人工每工日按照 8 小时工作制计算。

六、关于材料:

1. 本消耗量材料泛指原材料、成品、半成品,包括施工中主要材料、辅助材料、周转材料和其他材料。本消耗量中以"(×××)"表示的材料为主要材料。

2. 材料用量:

(1)本消耗量中材料用量包括净用量和损耗量。

(2)材料损耗量包括从工地仓库运至安装堆放地点或现场加工地点运至安装地点的搬运损耗、安装操作损耗、安装地点堆放损耗。

(3)材料损耗量不包括场外的运输损失、仓库(含露天堆场)地点或现场加工地点保管损耗、由于材料规格和质量不符合要求而报废的数量;不包括规范、设计文件规定的预留量、搭接量、冗余量。

3. 本消耗量中列出的周转性材料用量是按照不同施工方法、考虑不同工程项目类别、选取不同材料规格综合计算出的摊销量。

4.对于用量少、低值易耗的零星材料,列为其他材料。按照消耗性材料费用比例计算。

七、关于机械:

1.本消耗量施工机械是按照常用机械、合理配备考虑,同时结合施工企业的机械化能力与水平等情况综合确定。

2.本消耗量中的施工机械台班消耗量是按照机械正常施工效率并考虑机械施工适当幅度差综合取定。

3.原单位价值在2 000元以内、使用年限在一年以内不构成固定资产的施工机械,不列入机械台班消耗量,其消耗的燃料动力等综合在其他材料费中。

八、关于仪器仪表:

1.本消耗量仪器仪表是按照正常施工组织、施工技术水平考虑,同时结合市场实际情况综合确定。

2.本消耗量中的仪器仪表台班消耗量是按照仪器仪表正常使用率,并考虑必要的检验检测及适当幅度差综合取定。

3.原单位价值在2 000元以内、使用年限在一年以内不构成固定资产的仪器仪表,不列入仪器仪表台班消耗量,其消耗的燃料动力等综合在其他材料费中。

九、关于水平运输和垂直运输:

1.水平运输:

(1)水平运输距离是指自现场仓库或指定堆放地点运至安装地点或垂直运输点的距离。本消耗量设备水平运距按照200m、材料(含成品、半成品)水平运距按照300m综合取定,执行消耗量时不做调整。

(2)消耗量未考虑场外运输和场内二次搬运。工程实际发生时应根据有关规定另行计算。

2.垂直运输:

(1)垂直运输基准面为室外地坪。

(2)本消耗量垂直运输按照建筑物层数6层以下、建筑高度20m以下、地下深度10m以内考虑,工程实际超过时,通过计算建筑物超高(深)增加费处理。

十、关于安装操作高度:

1.安装操作基准面一般是指室外地坪或室内各层楼地面地坪。

2.安装操作高度是指安装操作基准面至安装点的垂直高度。本消耗量除各册另有规定者外,安装操作高度综合取定为6m以内。工程实际超过时,计算安装操作高度增加费。

十一、关于建筑超高(深)增加费:

1.建筑超高(深)增加费是指在建筑物层数6层以上、建筑高度20m以上、地下深度10m以上的建筑施工时,计算由于建筑超高(深)需要增加的安装费。各册另有规定者除外。

2.建筑超高(深)增加费包括人工降效、使用机械(含仪器仪表、工具用具)降效、延长垂直运输时间等费用。

3.建筑超高(深)增加费,以单位工程(群体建筑以车间或单楼设计为准)全部工程量(含地下、地上部分)为基数,按照系数法计算。系数详见各册说明。

4.单位工程(群体建筑以车间或单楼设计为准)满足建筑高度、建筑物层数、地下深度之一者,应计算建筑超高(深)增加费。

十二、关于脚手架搭拆:

1.本消耗量脚手架搭拆是根据施工组织设计、满足安装需要所采取的安装措施。脚手架搭拆除满足自身安全外,不包括工程项目安全、环保、文明等工作内容。

2.脚手架搭拆综合考虑了不同的结构形式、材质、规模、占用时间等要素,执行消耗量时不做调整。

3.在同一个单位工程内有若干专业安装时,凡符合脚手架搭拆计算规定,应分别计取脚手架搭拆费用。

十三、本消耗量没有考虑施工与生产同时进行、在有害身体健康（防腐蚀工程、检测项目除外）条件下施工时的降效，工程实际发生时根据有关规定另行计算。

十四、本消耗量适用于工程项目施工地点在海拔高度2 000m以下施工，超过时按照工程项目所在地区的有关规定执行。

十五、本消耗量中注有"××以内"或"××以下"及"小于"者，均包括××本身；注有"××以外"或"××以上"及"大于"者，则不包括××本身。

说明中未注明（或省略）尺寸单位的宽度、厚度、断面等，均以"mm"为单位。

十六、凡本说明未尽事宜，详见各册说明。

册 说 明

一、第十一册《信息通信设备与线缆安装工程》(以下简称本册)适用于有线接入用户通信安装工程,包括:室外通信线路、光纤入户、用户通信设备及线缆等安装与调试。

二、本册主要依据的规范标准有:

1.《有线接入网设备安装工程设计规范》YD/T 5139—2019;

2.《有线接入网设备安装工程验收规范》YD/T 5140—2005;

3.《通信管道与通道工程设计标准》GB 50373—2019;

4.《通信管道工程施工及验收标准》GB/T 50374—2018;

5.《通信线路工程设计规范》GB 51158—2015;

6.《通信线路工程验收规范》GB 51171—2016;

7.《综合布线系统工程设计规范》GB 50311—2016;

8.《综合布线系统工程验收规范》GB/T 50312—2016;

9.《住宅区和住宅建筑内光纤到户通信设施工程设计规范》GB 50846—2012;

10.《住宅区和住宅建筑内光纤到户通信设施工程施工及验收规范》GB 50847—2012;

11.《宽带光纤接入工程设计规范》YD 5206—2014;

12.《宽带光纤接入工程验收规范》YD 5207—2014;

13.《通信管道人孔和手孔图集》YD/T 5178—2017;

14.《通用安装工程消耗量定额》TY 02-31-2015。

三、本册除各章另有说明外,均包括下列工作内容:施工准备,设备、材料及工机具场内运输,设备开箱检验、配合基础验收,吊装设备就位、安装、连接,设备调平找正、固定,配合检查验收等。

四、本册不包括施工用水、电、蒸汽消耗量。工程实际发生时,按照有关规定另行计算。

五、执行说明:

1. 施工测量仅适用于室外通信线路工程,室内通信工程不得执行。

2. 电源线敷设、控制电缆敷设、电缆桥架或支架制作与安装、电线槽安装、电线管敷设、电缆保护管敷设以及UPS电源及附属设施、配电箱等安装,执行第四册《电气设备与线缆安装工程》相应项目。

3. 凿孔、开槽执行第十册《给排水、采暖、燃气安装工程》相应项目。

六、建筑超高、超深增加费按照下表计算。其中:人工费为36.5%,机械与仪器仪表为63.5%。

建筑超高、超深增加费

建筑物高度(m以内)	40	60	80	100	120	140	160	180	200	备注
建筑物层数(层以内)	12	18	24	30	36	42	48	54	60	建筑物层数大于60层时,以60层为基础,每增加1层增加0.3%
地下深度(m以内)	20	30	40	—	—	—	—	—	—	
按照人工费计算(%)	2.4	4.0	5.8	7.4	9.1	10.9	12.6	14.3	16.0	

七、室外通信线路工程(管道敷设、架空敷设)总工日小于100工日时,人工乘以系数1.15;总工日小于250工日时,人工乘以系数1.10。

目 录

第一章 施工测量与挖填土石方

说明 ……………………………………（ 3 ）
工程量计算规则 ……………………………（ 4 ）
一、施工测量 …………………………………（ 5 ）
二、开挖路面 …………………………………（ 6 ）
  1. 人工开挖 …………………………………（ 6 ）
  2. 机械开挖 …………………………………（ 7 ）
三、开挖与回填管道沟及人（手）孔坑 ………（ 7 ）
  1. 人工开挖 …………………………………（ 7 ）
  2. 机械开挖 …………………………………（ 8 ）
  3. 回填土石方及其他 ………………………（ 8 ）
四、挖、填光（电）缆沟及接头坑 ……………（ 9 ）
  1. 挖、松填光（电）缆沟及接头坑 ………（ 9 ）
  2. 挖、夯填光（电）缆沟及接头坑 ………（ 10 ）
  3. 石质沟铺盖细土 …………………………（ 10 ）
五、挡土板及抽水 ……………………………（ 11 ）
  1. 挡土板 ……………………………………（ 11 ）
  2. 抽水 ………………………………………（ 11 ）

第二章 通 信 管 道

说明 ……………………………………（ 15 ）
工程量计算规则 ……………………………（ 16 ）
一、混凝土管道基础 …………………………（ 17 ）
  1. 混凝土管道基础 …………………………（ 17 ）
  2. 混凝土管道基础加筋 ……………………（ 19 ）
二、塑料管道基础 ……………………………（ 20 ）
  1. 塑料管道基础 ……………………………（ 20 ）
  2. 塑料管道基础加筋 ………………………（ 21 ）
三、铺设水泥管道 ……………………………（ 22 ）
四、铺设塑料管道（包括硬管、波纹管、
    栅格管、蜂窝管） …………………………（ 24 ）
五、敷设硅芯管道 ……………………………（ 25 ）
  1. 人工敷设硅芯管 …………………………（ 25 ）
  2. 硅芯管试通 ………………………………（ 25 ）
六、铺设镀锌钢管管道 ………………………（ 26 ）
七、地下定向钻孔敷管 ………………………（ 27 ）
八、管道填充水泥砂浆、混凝土包封 ………（ 28 ）

九、砌筑人（手）孔 …………………………（ 29 ）
  1. 砖砌人（手）孔 …………………………（ 29 ）
  2. 砌筑混凝土预制砖人孔 …………………（ 40 ）
  3. 砖砌配线手孔 ……………………………（ 48 ）
十、管道防水及其他 …………………………（ 49 ）
  1. 防水 ………………………………………（ 49 ）
  2. 其他 ………………………………………（ 50 ）

第三章 通 信 杆 路

说明 ……………………………………（ 53 ）
一、立杆 ………………………………………（ 54 ）
  1. 立水泥杆 …………………………………（ 54 ）
  2. 电杆根部加固及保护 ……………………（ 55 ）
  3. 装撑杆 ……………………………………（ 57 ）
二、安装拉线 …………………………………（ 58 ）
  1. 水泥杆单股拉线 …………………………（ 58 ）
  2. 安装吊板拉线 ……………………………（ 61 ）
  3. 制作横木拉线地锚及其他 ………………（ 62 ）
  4. 安装附属装置 ……………………………（ 63 ）
三、架设吊线 …………………………………（ 64 ）

第四章 敷设光（电）缆

说明 ……………………………………（ 69 ）
工程量计算规则 ……………………………（ 70 ）
一、架空光（电）缆 …………………………（ 71 ）
  1. 架设光缆 …………………………………（ 71 ）
  2. 架设电缆 …………………………………（ 73 ）
二、埋式光缆 …………………………………（ 74 ）
三、管道光（电）缆 …………………………（ 74 ）
  1. 敷设管道光缆 ……………………………（ 74 ）
  2. 敷设管道电缆 ……………………………（ 76 ）
四、引上光（电）缆 …………………………（ 78 ）
五、墙壁光（电）缆 …………………………（ 79 ）
  1. 墙壁光缆 …………………………………（ 79 ）
  2. 墙壁电缆 …………………………………（ 80 ）
六、建筑物内光（电）缆 ……………………（ 81 ）
  1. 建筑物内光缆 ……………………………（ 81 ）
  2. 建筑物内电缆 ……………………………（ 82 ）

第五章　埋式光缆的保护与防护

说明 …………………………………………（ 85 ）

一、埋式光缆保护 ………………………（ 86 ）

  1. 顶管，铺管、砖、水泥槽及盖板 ………（ 86 ）

  2. 砌坡、砌坎、堵塞、封石沟及

    安装宣传警示牌 …………………（ 88 ）

二、埋式光缆防护 ………………………（ 89 ）

  防雷、防蚀 ………………………………（ 89 ）

第六章　安装分光、分线、配线设备

说明 …………………………………………（ 93 ）

一、安装光（电）缆交接箱 ……………（ 94 ）

  1. 安装光缆交接箱 ………………………（ 94 ）

  2. 安装电缆交接箱 ………………………（ 96 ）

二、安装配线箱 …………………………（ 99 ）

三、安装光分路器 ………………………（ 99 ）

四、安装缆线终端盒、过线盒 …………（100）

第七章　光（电）缆接续与测试

说明 …………………………………………（105）

一、光缆接续与测试 ……………………（106）

  1. 光缆接续 ………………………………（106）

  2. 用户光缆测试 …………………………（108）

  3. 光纤链路测试 …………………………（110）

二、电缆接续与测试 ……………………（111）

  1. 电缆接续与终接 ………………………（111）

  2. 电缆布线系统测试 ……………………（115）

第八章　通信设备安装

说明 …………………………………………（119）

一、安装机架（柜） ……………………（120）

  1. 安装分配柜、综合柜 …………………（120）

  2. 安装总配线架 …………………………（121）

  3. 安装数字分配架、光分配架 …………（122）

二、安装与调测驻地网用户交换设备 ………（122）

  1. 安装用户语音交换设备硬件 …………（122）

  2. 调测用户语音交换系统 ………………（123）

三、安装与调测局域网设备 ……………（124）

  1. 安装局域网网络设备 …………………（124）

  2. 调测局域网网络设备 …………………（125）

  3. 安装与调测局域网终端及附属设备 …（126）

  4. 安装与调测数据存储设备 ……………（127）

  5. 安装与调测网络安全设备 ……………（128）

四、安装与调测有线接入网设备 ………（128）

  1. 有源光网络设备 ………………………（128）

  2. 无源光网络设备 ………………………（130）

五、布放通信设备线缆 …………………（133）

  1. 布放设备电缆 …………………………（133）

  2. 布放架内跳线 …………………………（135）

  3. 布放双头尾纤（光跳线） ……………（135）

  4. 布放电源线 ……………………………（136）

附　　录

一、土壤及岩石分类表 …………………（139）

二、开挖土（石）方工程量计算 ………（140）

第一章　施工测量与挖填土石方

说　　明

一、本章内容包括施工测量,开挖路面,开挖与回填管道沟及人(手)孔坑,挖、填光(电)缆沟及接头坑,挡土板及抽水等。

二、开挖土石方中不包括地下、地上障碍物的探测、处理等用工、用料,工程中发生时由设计按实计列。

三、单盘光缆测试是按单窗口测试取定的,需双窗口测试时,其人工和仪表分别乘以系数1.80。

四、开挖路面、开挖与回填管道沟及人(手)孔坑分为人工开挖与机械开挖两种施工方式。

五、本章不含"修复路面"相关项目内容,需要时执行第四册《电气设备与线缆安装工程》相应项目。

六、挖、填光(电)缆沟及接头坑分挖、松填和挖、夯填两种施工方式。

七、管道沟及人(手)孔坑抽水子目中相关名词说明:

1.弱水流:指抽水和用人工依次将渗水处理后,当天不再有渗水需处理,可正常进行施工。

2.中水流:指抽水和用人工将渗水处理后,在施工中仍需间断处理妨碍施工正常进行的渗水。

3.强水流:指必须用抽水机不断地抽水,才能保证施工。

八、布放光(电)缆人(手)孔抽水是指已建设完工的人(手)孔存在积水,妨碍敷设光(电)缆施工时所需采取的措施。项目子目分为"积水(静态)"和"流水(动态)"两种施工环境。

工程量计算规则

一、通信管道工程和通信线路工程的施工测量工程量应按建筑物外路由长度计算。

二、管道沟沟底宽度由管道基础和所需操作余度确定。管道基础宽 630mm 以下时,其沟底宽度为基础宽度加 300mm(即每侧各加 150mm);管道基础宽 630mm 以上时,其沟底宽度为基础宽度加 600mm(即每侧各加 300mm);无基础管道的沟底宽度,应为管群宽度加 400mm(即每侧各加 200mm)。当设计规定管道沟槽需要支撑挡土板时,沟底宽度应另增加 100mm。

三、凡在铺砌路面下开挖管道沟和人(手)孔坑时,其沟(坑)土方量应减去开挖的路面铺砌物所占的体积。

四、回填土方是按人工回填取定的,包括回填及夯实(压实)等全部工序内容。管道沟回填土体积,按开挖土方体积扣除地面以下管道和人(手)孔(包括基础)所占的体积计算。

五、"手推车倒运土方"指的是从施工现场至临时堆放点的土方倒运。从临时堆放点至场外的土方倒运应由设计人员根据施工现场情况及所埋设的管群和人(手)孔(包括混凝土基础)体积的总和计算倒运土方的工程量,其费用不包括在本册中。

六、开挖土石方的相关子目,在计算工程量时,应考虑不同土质的放坡系数及施工所需操作余度。

七、单盘光缆测试子目,在计算工程量时,应按光缆芯数乘以设计配盘光缆数量计算。

八、铺设碎石底基根据沟底宽度和底基高度测算后套用碎石底基子目。

一、施 工 测 量

工作内容：1. 管道工程施工测量：核对图纸，复查路由位置和人（手）孔及管道坐标与高程，定位放线，做标记等。

2. 光（电）缆工程施工测量：核对图纸，复查路由位置，施工定点划线，做标记，光（电）缆配盘等。

3. 单盘光缆测试：外观检验，测试单盘光缆传输特性等。

4. GPS定位：校表，测量，记录数据等。

编　号			11-1-1	11-1-2	11-1-3	11-1-4	11-1-5	11-1-6
项　目			施工测量				单盘光缆测试	GPS定位
			管道工程	直埋光（电）缆工程	管道光（电）缆工程	架空光（电）缆工程		
			100m				芯盘	点
名　称		单位	消　耗　量					
人工	合计工日	工日	1.100	0.700	0.440	0.580	0.020	0.050
	其中 一般技工	工日	0.880	0.560	0.350	0.460	0.020	0.050
	普工	工日	0.220	0.140	0.090	0.120	—	—
仪表	手持GPS定位仪	台班	—	—	—	—	—	0.010
	光时域反射仪	台班	—	—	—	—	0.060	—
	激光测距仪	台班	0.200	0.050	0.040	0.050	—	—
	地下管线探测仪	台班	0.200	0.040	—	—	—	—

二、开挖路面

1.人工开挖

工作内容:机械切割路面,人工开挖路面(含结构层),渣土分类堆放等。　　　　　　　　计量单位:100m²

编　号			11-1-7	11-1-8	11-1-9	11-1-10	11-1-11	11-1-12
项　目			人工开挖路面					
			混凝土		沥青		砂石	
			100以下	每增加10	100以下	每增加10	100以下	每增加10
名　称		单位	消　耗　量					
人工	合计工日	工日	27.580	2.080	14.880	1.440	7.330	0.680
	其中 一般技工	工日	3.330	0.330	1.880	0.190	1.040	0.090
	普工	工日	24.250	1.750	13.000	1.250	6.290	0.590
机械	燃油式路面切割机	台班	0.500	—	0.500	—	—	—
	内燃空气压缩机 6m³/min	台班	0.850	0.100	0.350	0.040	0.200	0.020

计量单位:100m²

编　号			11-1-13	11-1-14	11-1-15
项　目			人工开挖路面		
			混凝土砌块	水泥花砖	条石
名　称		单位	消　耗　量		
人工	合计工日	工日	4.130	3.190	30.880
	其中 一般技工	工日	0.380	0.310	5.000
	普工	工日	3.750	2.880	25.880

2. 机 械 开 挖

工作内容: 机械切割路面,机械开挖路面(含结构层),渣土分类堆放等。　　　　计量单位:100m²

编　号	11-1-16	11-1-17	11-1-18	11-1-19	11-1-20	11-1-21
项　目	机械开挖路面					
	混凝土		沥青		砂石	
	100 以下	每增加 10	100 以下	每增加 10	100 以下	每增加 10
名　称	单位	消 耗 量				

	名　称	单位						
人工	合计工日	工日	4.250	0.380	3.250	0.080	4.250	0.130
	普工	工日	4.250	0.380	3.250	0.080	4.250	0.130
机械	履带式单斗液压挖掘机 0.6m³	台班	0.300	0.030	0.240	0.020	0.210	0.020
	颚式破碎机 500×750	台班	0.400	0.040	0.110	0.010	—	—
	燃油式路面切割机	台班	0.500	—	0.700	—	—	—

三、开挖与回填管道沟及人(手)孔坑

1. 人 工 开 挖

工作内容: 人工挖土,开石方,修整底边,找平,弃渣清理或人工开石沟等。　　　　计量单位:100m³

编　号	11-1-22	11-1-23	11-1-24	11-1-25	11-1-26	11-1-27
项　目	人工开挖管道沟及人(手)孔坑					
	普通土	硬土	砂砾土	冻土	软石	坚石
名　称	单位	消 耗 量				

		名　称	单位						
人工		合计工日	工日	26.250	42.920	62.920	115.420	224.250	444.920
	其中	一般技工	工日	—	—	—	—	6.000	24.000
		普工	工日	26.250	42.920	62.920	115.420	218.250	420.920
机械		内燃空气压缩机 6m³/min	台班	—	—	—	—	15.000	50.000

2. 机 械 开 挖

工作内容: 挖掘机挖土,修整底边,找平,弃渣清理等。　　　　　　　　　　　　　　　　　计量单位:100m³

编　号			11-1-28	11-1-29	11-1-30	11-1-31
项　目			机械开挖管道沟及人(手)孔坑			
			普通土	硬土	砂砾土	冻土
名　称		单位	消　耗　量			
人工	合计工日	工日	3.130	3.290	3.460	3.460
	普工	工日	3.130	3.290	3.460	3.460
机械	履带式单斗液压挖掘机 0.6m³	台班	1.050	1.200	1.420	3.100

3. 回填土石方及其他

工作内容: 1. 回填土石方:准备回填物,回填(松填或夯实)等。
　　　　　　2. 手推车倒运土方:装车,短距离运土,卸土等。
　　　　　　3. 碎石底基:铺石子,找平拍实,面层铺砂找平等。　　　　　　　　　　　计量单位:100m³

编　号				11-1-32	11-1-33	11-1-34	11-1-35	11-1-36	11-1-37	11-1-38
项　目				回填土石方						
				松填原土	夯填原土	夯填灰土(2:8)	夯填灰土(3:7)	夯填级配砂石	夯填碎石	砂子
名　称			单位	消　耗　量						
人工	合计工日		工日	14.000	21.250	49.000	54.250	60.250	60.380	21.500
	其中	一般技工	工日	—	—	9.000	10.500	9.000	9.000	1.500
		普工	工日	14.000	21.250	40.000	43.750	51.250	51.380	20.000
材料	石灰		t	—	—	18.000	27.000	—	—	—
	级配砂石		t	—	—	—	—	187.000	—	—
	碎石 5~32		t	—	—	—	—	—	171.000	—
	粗砂		t	—	—	—	—	—	—	195.000
	其他材料费		%	—	—	0.50	0.50	0.50	0.50	0.50

计量单位:100m³

编　号			11-1-39	11-1-40
项　目			手推车倒运土方	碎石底基
名　称		单位	消　耗　量	
人工	合计工日	工日	12.000	0.750
	其中 一般技工	工日	—	0.250
	普工	工日	12.000	0.500
材料	碎石 5~32	t	—	1.500
	粗砂	t	—	0.280
	其他材料费	%	—	0.50

四、挖、填光(电)缆沟及接头坑

1. 挖、松填光(电)缆沟及接头坑

工作内容:挖、松填光(电)缆沟及接头坑,弃渣清理或人工开槽等。　　　　计量单位:100m³

编　号			11-1-41	11-1-42	11-1-43	11-1-44	11-1-45	11-1-46
项　目			挖、松填光(电)缆沟及接头坑					
			普通土	硬土	砂砾土	冻土	软石	坚石(人工)
名　称		单位	消　耗　量					
人工	合计工日	工日	39.380	51.500	62.130	139.500	267.750	491.700
	其中 一般技工	工日	—	—	—	—	5.500	36.200
	普工	工日	39.380	51.500	62.130	139.500	262.250	455.500
机械	内燃空气压缩机 6m³/min	台班	—	—	—	—	3.000	10.000

2. 挖、夯填光（电）缆沟及接头坑

工作内容：挖、夯填光（电）缆沟及接头坑，弃渣清理或人工开槽等。   计量单位：100m³

编　号			11-1-47	11-1-48	11-1-49	11-1-50	11-1-51	11-1-52
项　目			挖、夯填光（电）缆沟及接头坑					
			普通土	硬土	砂砾土	冻土	软石	坚石（人工）
名　称		单位	消　耗　量					
人工	合计工日	工日	40.880	55.000	71.130	145.500	276.800	518.700
	其中 一般技工	工日	—	—	—	—	6.550	38.200
	普工	工日	40.880	55.000	71.130	145.500	270.250	480.500
机械	内燃空气压缩机 6m³/min	台班	—	—	—	—	3.000	10.000
	内燃夯实机 700N·m	台班	0.750	0.750	0.750	—	—	—

3. 石质沟铺盖细土

工作内容：运细土，撒铺（盖）细土等。   计量单位：沟千米

编　号			11-1-53
项　目			石质沟铺盖细土
名　称		单位	消　耗　量
人工	合计工日	工日	6.000
	普工	工日	6.000

五、挡土板及抽水

1. 挡 土 板

工作内容：制作、支撑挡土板，拆除挡土板，修理，集中囤放等。

编　号			11-1-54	11-1-55
项　目			挡土板	
			管道沟	人孔坑
			100m	10个
名　称		单位	消 耗 量	
人工	合计工日	工日	8.000	28.500
	其中 一般技工	工日	3.000	12.000
	普工	工日	5.000	16.500
材料	板方材 Ⅲ等	m³	0.320	0.450
	原木	m³	0.070	0.350
	其他材料费	%	0.50	0.50

2. 抽 水

（1）管道沟及人（手）孔坑抽水

工作内容：安装、拆卸抽水器具，抽水等。　　　　　　　　　　计量单位：100m

编　号			11-1-56	11-1-57	11-1-58
项　目			管道沟抽水		
			弱水流	中水流	强水流
名　称		单位	消 耗 量		
人工	合计工日	工日	2.000	3.500	6.130
	其中 一般技工	工日	0.500	0.500	0.500
	普工	工日	1.500	3.000	5.630
机械	污水泵 70mm	台班	1.500	3.000	5.630

计量单位:个

编　号			11-1-59	11-1-60	11-1-61	11-1-62
项　目			人孔坑抽水			手孔坑抽水
			弱水流	中水流	强水流	
名　称		单位	消　耗　量			
人工	合计工日		工日	2.500	4.500	6.500	1.500
	其中	一般技工	工日	0.500	0.500	0.500	0.500
		普工	工日	2.000	4.000	6.000	1.000
机械	污水泵 70mm		台班	2.000	4.000	6.000	1.000

（2）布放光（电）缆人（手）孔抽水

工作内容: 装拆抽水工具,抽水,清理现场等。　　　　　　　　　计量单位:个

编　号				11-1-63	11-1-64	11-1-65
项　目				人孔抽水		手孔抽水
				积水	流水	
名　称			单位	消　耗　量		
人工	合计工日		工日	0.750	1.380	0.380
	其中	一般技工	工日	0.250	0.380	0.130
		普工	工日	0.500	1.000	0.250
机械	抽水机		台班	0.200	0.500	0.100

第二章　通　信　管　道

说　明

一、管道基础分混凝土管道和塑料管道两种,使用时可根据不同的基础宽度在两节中选用。

二、塑料管道基础部分按塑料管道外径 110mm 标准取定,当塑料管道外径为其他尺寸或是栅格管组群时,按基础实际宽度参照本册数据进行相应调整。

三、砌筑人(手)孔的子目是按照标准图集给定的标准人(手)孔设置的,当实际的人(手)孔结构与标准不同时,可参照本章防水管道及其他的"砂浆砖砌体"和"砂浆抹面"进行相应调整。

四、人(手)孔基础需加筋时,每 100kg 钢筋技、普工各按 0.25 工日计取。

五、本章中的管道基础是按基础厚度 80mm 取定的。当基础厚度为 100mm、120mm 时,消耗量分别乘以系数 1.25、1.50。

六、本章中铺设塑料管按塑料管单根管 6m 长计取,多孔复合管按一孔计算;"聚乙烯塑料管"包含连接件。

七、本章中 SK 系列手孔墙壁按 240mm、手孔内高按图示最小高度计算,设计可按实际情况调整。

八、本章在使用地下定向钻孔敷管相关项目内容时应注意:

1. 使用接续管材,其接续器材由设计按实计列;工日不做调整。

2. 地下土层为以下情况时,人工和机械台班乘以相应的系数:回填垃圾,系数为 1.20;黏性土夹碎石土,系数为 1.50;纯砂层或碎石土,系数为 2.00。

3. 路由长度超过 300m 时,微控钻孔敷管设备采用 25t 以上设备。

九、不同孔径最大可敷设的管孔数可参考下表。

不同孔径最大可敷设的管孔数

地下定向钻孔工作孔径 ϕ(mm)	120	240	360	600	840
可敷设 PE 管 ϕ 外／内 = 110/90 的最大孔数	1	2	6	17	34
可敷设 PE 管 ϕ 外／内 = 113/96 的最大孔数	1	2	6	16	33
可敷设硅芯管 ϕ 外／内 = 40/33 的最大孔数	5	22	48	135	—

说明:当同一个工作孔内穿放两种不同管径的管道时,建议以所敷设管道截面积之和与工作孔径截面积比小于或等于 60% 的标准来核算;当比值接近 60% 时,建议辅以画图方式判断组合截面在工作孔中的安排是否合理。

工程量计算规则

铺设通信管道的长度均按图示管道段长,即人(手)孔中心至人(手)孔中心计算,不扣除人(手)孔所占长度。

一、混凝土管道基础

1. 混凝土管道基础

工作内容:制、支、拆、修木模,人工拌和浇筑混凝土,养护等。　　　　　　　　　　　　　　　**计量单位:**100m

	编　号		11-2-1	11-2-2	11-2-3	11-2-4	11-2-5	11-2-6
	项　目		混凝土管道基础					
			一立型(350宽)			一平型(460宽)		
			C15	C20	C25	C15	C20	C25
	名　称	单位	消 耗 量					
人工	合计工日	工日	9.670	9.670	9.670	10.770	10.770	10.770
	其中 一般技工	工日	4.670	4.670	4.670	4.870	4.870	4.870
	普工	工日	5.000	5.000	5.000	5.900	5.900	5.900
材料	水泥 P·O 42.5	t	0.980	1.130	1.320	1.290	1.480	1.740
	粗砂	t	1.890	1.780	1.560	2.480	2.340	2.050
	碎石 5~32	t	3.630	3.580	3.610	4.760	4.710	4.740
	板方材 Ⅲ等	m³	0.090	0.090	0.090	0.100	0.100	0.100
	其他材料费	%	0.50	0.50	0.50	0.50	0.50	0.50

计量单位:100m

	编　号		11-2-7	11-2-8	11-2-9	11-2-10	11-2-11	11-2-12
	项　目		混凝土管道基础					
			二立型(615宽)			四平B型(725宽)		
			C15	C20	C25	C15	C20	C25
	名　称	单位	消 耗 量					
人工	合计工日	工日	13.420	13.420	13.420	14.420	14.420	14.420
	其中 一般技工	工日	5.630	5.630	5.630	5.750	5.750	5.750
	普工	工日	7.790	7.790	7.790	8.670	8.670	8.670
材料	水泥 P·O 42.5	t	1.720	1.980	2.320	2.030	2.330	2.740
	粗砂	t	3.320	3.130	2.740	3.910	3.690	3.230
	碎石 5~32	t	6.370	6.300	6.340	7.510	7.430	7.470
	板方材 Ⅲ等	m³	0.100	0.100	0.100	0.110	0.110	0.110
	其他材料费	%	0.50	0.50	0.50	0.50	0.50	0.50

计量单位：100m

编　号			11-2-13	11-2-14	11-2-15	11-2-16	11-2-17	11-2-18
项　目			混凝土管道基础					
			四平 A 型（835 宽）			三立型（880 宽）		
			C15	C20	C25	C15	C20	C25
名　称		单位	消　耗　量					
人工	合计工日	工日	15.910	15.910	15.910	16.460	16.460	16.460
	其中 一般技工	工日	5.830	5.830	5.830	5.960	5.960	5.960
	普工	工日	10.080	10.080	10.080	10.500	10.500	10.500
材料	水泥 P·O 42.5	t	2.340	2.690	3.160	2.460	2.830	3.330
	粗砂	t	4.500	4.250	3.720	4.750	4.480	3.930
	碎石 5~32	t	8.650	8.550	8.610	9.120	9.010	9.070
	板方材 Ⅲ等	m³	0.110	0.110	0.110	0.110	0.110	0.110
	其他材料费	%	0.50	0.50	0.50	0.50	0.50	0.50

计量单位：100m

编　号			11-2-19	11-2-20	11-2-21
项　目			混凝土管道基础		
			八立型（1 145 宽）		
			C15	C20	C25
名　称		单位	消　耗　量		
人工	合计工日	工日	19.210	19.210	19.210
	其中 一般技工	工日	6.130	6.130	6.130
	普工	工日	13.080	13.080	13.080
材料	水泥 P·O 42.5	t	3.200	3.680	4.330
	粗砂	t	6.170	5.830	5.110
	碎石 5~32	t	11.860	11.730	11.800
	板方材 Ⅲ等	m³	0.120	0.120	0.120
	其他材料费	%	0.50	0.50	0.50

2. 混凝土管道基础加筋

工作内容： 钢筋调直,除锈,切断,成型,绑扎等。　　　　　　　　　　　　　　计量单位：10 处

编　号			11-2-22	11-2-23	11-2-24	11-2-25	11-2-26	11-2-27	11-2-28
项　目			混凝土管道基础加筋（人孔／手孔窗口处）						
			一立型（350 宽）	一平型（460 宽）	二立型（615 宽）	四平 B 型（725 宽）	四平 A 型（835 宽）	三立型（880 宽）	八立型（1145 宽）
名　称		单位	消　耗　量						
人工	合计工日	工日	0.480	0.580	0.830	0.950	1.080	1.080	1.300
	其中 一般技工	工日	0.190	0.230	0.330	0.380	0.430	0.430	0.520
	普工	工日	0.290	0.350	0.500	0.570	0.650	0.650	0.780
材料	HPB300 ϕ6.5	kg	5.620	7.610	10.690	12.500	14.500	15.220	17.940
	钢筋 ϕ10	kg	39.400	49.280	69.230	78.800	88.680	88.680	108.000
	其他材料费	%	0.50	0.50	0.50	0.50	0.50	0.50	0.50

　　　　　　　　　　　　　　　　　　　　　　　　　　　　　　　　　　　　　計量单位：100m

编　号			11-2-29	11-2-30	11-2-31	11-2-32	11-2-33	11-2-34	11-2-35
项　目			混凝土管道基础加筋（远离人孔／手孔窗口处）						
			一立型（350 宽）	一平型（460 宽）	二立型（615 宽）	四平 B 型（725 宽）	四平 A 型（835 宽）	三立型（880 宽）	八立型（1145 宽）
名　称		单位	消　耗　量						
人工	合计工日	工日	1.480	1.880	2.630	3.000	3.400	3.430	4.150
	其中 一般技工	工日	0.590	0.750	1.050	1.200	1.360	1.370	1.660
	普工	工日	0.890	1.130	1.580	1.800	2.040	2.060	2.490
材料	HPB300 ϕ6.5	kg	35.170	47.650	66.940	78.280	90.760	95.300	112.320
	钢筋 ϕ10	kg	251.740	314.670	440.540	503.480	566.410	566.410	692.280
	其他材料费	%	0.50	0.50	0.50	0.50	0.50	0.50	0.50

二、塑料管道基础

1. 塑料管道基础

工作内容: 制、支、拆、修木模,人工拌和浇筑混凝土,养护等。　　　　　　　　　　　计量单位:100m

编　号			11-2-36	11-2-37	11-2-38	11-2-39	11-2-40	11-2-41
项　目			基础宽 230			基础宽 360		
			C15	C20	C25	C15	C20	C25
名　称		单位	消　耗　量					
人工	合计工日	工日	7.290	7.290	7.290	9.170	9.170	9.170
	其中 一般技工	工日	3.250	3.250	3.250	4.500	4.500	4.500
	普工	工日	4.040	4.040	4.040	4.670	4.670	4.670
材料	水泥 P·O 42.5	t	0.650	0.740	0.870	1.010	1.160	1.370
	粗砂	t	1.250	1.180	1.030	1.950	1.840	1.610
	碎石 5~32	t	2.390	2.360	2.380	3.730	3.690	3.720
	板方材 Ⅲ等	m³	0.080	0.080	0.080	0.100	0.100	0.100
	其他材料费	%	0.50	0.50	0.50	0.50	0.50	0.50

计量单位:100m

编　号			11-2-42	11-2-43	11-2-44	11-2-45	11-2-46	11-2-47
项　目			基础宽 490			基础宽 620		
			C15	C20	C25	C15	C20	C25
名　称		单位	消　耗　量					
人工	合计工日	工日	11.840	11.840	11.840	13.710	13.710	13.710
	其中 一般技工	工日	5.170	5.170	5.170	5.710	5.710	5.710
	普工	工日	6.670	6.670	6.670	8.000	8.000	8.000
材料	水泥 P·O 42.5	t	1.370	1.580	1.850	1.730	1.990	2.340
	粗砂	t	2.640	2.490	2.190	3.340	3.160	2.770
	碎石 5~32	t	5.080	5.020	5.050	6.420	6.360	6.390
	板方材 Ⅲ等	m³	0.100	0.100	0.100	0.100	0.100	0.100
	其他材料费	%	0.50	0.50	0.50	0.50	0.50	0.50

计量单位：100m

编　号			11-2-48	11-2-49	11-2-50	11-2-51	11-2-52	11-2-53
项　目			基础宽880			基础宽1 140		
			C15	C20	C25	C15	C20	C25
名　称		单位	消　耗　量					
人工	合计工日	工日	16.460	16.460	16.460	18.250	18.250	18.250
	其中 一般技工	工日	5.960	5.960	5.960	6.080	6.080	6.080
	普工	工日	10.500	10.500	10.500	12.170	12.170	12.170
材料	水泥 P·O 42.5	t	2.460	2.830	3.330	3.190	3.670	4.310
	粗砂	t	4.750	4.480	3.930	6.150	5.800	5.080
	碎石 5~32	t	9.120	9.010	9.070	11.810	11.690	11.750
	板方材 Ⅲ等	m³	0.110	0.110	0.110	0.120	0.120	0.120
	其他材料费	%	0.50	0.50	0.50	0.50	0.50	0.50

2. 塑料管道基础加筋

工作内容：钢筋调直，除锈，切断，成型，绑扎等。

计量单位：10处

编　号			11-2-54	11-2-55	11-2-56	11-2-57	11-2-58	11-2-59
项　目			塑料管道基础加筋［人（手）孔窗口处］					
			基础宽230	基础宽360	基础宽490	基础宽620	基础宽880	基础宽1 140
名　称		单位	消　耗　量					
人工	合计工日	工日	0.230	0.480	0.600	0.830	1.080	1.300
	其中 一般技工	工日	0.090	0.190	0.240	0.330	0.430	0.520
	普工	工日	0.140	0.290	0.360	0.500	0.650	0.780
材料	HPB300 φ6.5	kg	3.810	5.800	8.520	11.060	15.770	20.290
	钢筋 φ10	kg	29.550	39.400	59.100	68.950	98.500	118.200
	其他材料费	%	0.50	0.50	0.50	0.50	0.50	0.50

计量单位:100m

编　号			11-2-60	11-2-61	11-2-62	11-2-63	11-2-64	11-2-65
项　目			塑料管道基础加筋［远离人（手）孔窗口处］					
			基础宽230	基础宽360	基础宽490	基础宽620	基础宽880	基础宽1 140
名　称		单位	消　耗　量					
人工	合计工日	工日	0.750	1.480	1.900	2.630	3.430	4.150
	其中 一般技工	工日	0.300	0.590	0.760	1.050	1.370	1.660
	普工	工日	0.450	0.890	1.140	1.580	2.060	2.490
材料	HPB300 φ6.5	kg	23.830	36.310	53.320	69.210	98.700	127.060
	钢筋 φ10	kg	188.810	251.740	377.610	440.540	629.340	755.210
	其他材料费	%	0.50	0.50	0.50	0.50	0.50	0.50

三、铺设水泥管道

工作内容:清刷水泥管,抬运、铺设水泥管,试通,抹接口,抹八字,填中缝,
　　　　　抹边（顶）缝,养护,试通等。

计量单位:100m

编　号			11-2-66	11-2-67	11-2-68	11-2-69	11-2-70	11-2-71	11-2-72
项　目			铺设水泥管道						
			三孔管	四孔管	一立型	一平型	二立型	二平型	三立型
名　称		单位	消　耗　量						
人工	合计工日	工日	6.880	7.640	8.640	9.450	16.420	17.940	23.800
	其中 一般技工	工日	2.750	3.060	3.460	3.780	6.570	7.180	9.520
	普工	工日	4.130	4.580	5.180	5.670	9.850	10.760	14.280
材料	线缆水泥管（3孔）	根	（167.000）	—	—	—	—	—	—
	线缆水泥管（4孔）	根	—	（167.000）	—	—	—	—	—
	线缆水泥管（6孔）	根	—	—	（167.000）	（167.000）	（334.000）	（334.000）	（501.000）
	水泥 P·O 42.5	t	0.370	0.390	0.410	0.480	0.810	0.950	1.220
	粗砂	t	1.310	1.330	1.400	1.640	2.970	3.280	4.190
	其他材料费	%	0.50	0.50	0.50	0.50	0.50	0.50	0.50
	水	m³	5.250	5.250	5.250	5.250	5.250	5.250	5.250

计量单位：100m

编　号			11-2-73	11-2-74	11-2-75	11-2-76	11-2-77	11-2-78
项　目			铺设水泥管道					
			三平型	四立A型	四平A型	四立B型	四平B型	六立型
名　称		单位	消　耗　量					
人工	合计工日	工日	26.000	31.190	34.080	29.390	30.840	45.230
	其中 一般技工	工日	10.400	12.480	13.630	11.760	12.340	18.090
	普工	工日	15.600	18.710	20.450	17.630	18.500	27.140
材料	线缆水泥管（4孔）	根	—	—	—	（334.000）	（334.000）	—
	线缆水泥管（6孔）	根	（501.000）	（668.000）	（668.000）	（334.000）	（334.000）	（1 002.000）
	水泥 P·O 42.5	t	1.430	1.620	1.910	1.580	1.730	2.440
	粗砂	t	4.920	5.580	6.560	5.450	5.940	8.380
	其他材料费	%	0.50	0.50	0.50	0.50	0.50	0.50
	水	m³	5.250	5.250	5.250	5.250	5.250	5.250

计量单位：100m

编　号			11-2-79	11-2-80	11-2-81	11-2-82	11-2-83	11-2-84
项　目			铺设水泥管道					
			六平型	八立型	八平型	九立型	十平型	十二立型
名　称		单位	消　耗　量					
人工	合计工日	工日	49.400	59.260	64.670	65.560	79.300	85.930
	其中 一般技工	工日	19.760	23.710	25.820	26.220	31.720	34.370
	普工	工日	29.640	35.550	38.850	39.340	47.580	51.560
材料	线缆水泥管（6孔）	根	（1 002.000）	（1 336.000）	（1 336.000）	（1 503.000）	（1 670.000）	（2 004.000）
	水泥 P·O 42.5	t	2.860	3.250	3.820	3.650	4.770	4.870
	粗砂	t	9.850	11.170	13.130	12.560	16.410	16.750
	其他材料费	%	0.50	0.50	0.50	0.50	0.50	0.50
	水	m³	5.250	5.250	5.250	5.250	5.250	5.250

四、铺设塑料管道（包括硬管、波纹管、栅格管、蜂窝管）

工作内容：支架加工，绑扎，锉管内口，铺设塑料管，接续塑料管，试通等。　　　　　计量单位：100m

编　号			11-2-85	11-2-86	11-2-87	11-2-88	11-2-89	11-2-90
项　目			敷设塑料管道					
			1孔	2孔（2×1）	3孔（3×1）	4孔（4×1）	4孔（2×2）	6孔（6×1）
名　称		单位	消　耗　量					
人工	合计工日	工日	1.200	1.750	2.600	4.960	5.380	7.410
	其中 一般技工	工日	0.470	0.690	1.030	1.880	2.130	2.810
	普工	工日	0.730	1.060	1.570	3.080	3.250	4.600
材料	聚乙烯塑料管	m	（101.000）	（202.000）	（303.000）	（404.000）	（404.000）	（606.000）
	水	m³	5.250	5.250	5.250	5.250	5.250	5.250
	其他材料费	%	0.50	0.50	0.50	0.50	0.50	0.50

　　计量单位：100m

编　号			11-2-91	11-2-92	11-2-93	11-2-94	11-2-95
项　目			敷设塑料管道				
			6孔（3×2）	9孔（3×3）	12孔（3×4）（4×3）（6×2）	18孔（6×3）	24孔（6×4）（8×3）
名　称		单位	消　耗　量				
人工	合计工日	工日	5.660	7.110	11.250	13.190	17.570
	其中 一般技工	工日	2.400	3.260	4.350	5.500	7.690
	普工	工日	3.260	3.850	6.900	7.690	9.880
材料	聚乙烯塑料管	m	（606.000）	（909.000）	（1 212.000）	（1 818.000）	（2 424.000）
	水	m³	5.250	5.250	5.250	5.250	5.250
	其他材料费	%	0.50	0.50	0.50	0.50	0.50

五、敷设硅芯管道

1. 人工敷设硅芯管

工作内容: 外观检查,检查气压,配盘,清沟抄平,人工抬放塑管,外观复查,
塑管接续,整理排列绑扎塑管,封堵端头等。　　　　　　　　计量单位: 100m

编　号			11-2-96	11-2-97	11-2-98	11-2-99	11-2-100	11-2-101	11-2-102
项　目			人工敷设硅芯管						
			1 孔	2 孔	3 孔	4 孔	6 孔	8 孔	12 孔
名　称		单位	消　耗　量						
人工	合计工日	工日	2.330	4.340	6.710	8.660	12.960	16.850	25.030
	其中 一般技工	工日	0.480	0.880	1.370	1.770	2.660	3.460	5.140
	普工	工日	1.850	3.460	5.340	6.890	10.300	13.390	19.890
材料	塑料管	m	(101.000)	(202.000)	(303.000)	(404.000)	(606.000)	(808.000)	(1 212.000)
	固定堵头	个	1.010	2.020	3.030	4.040	6.060	8.080	12.120
	尼龙扎带(综合)	根	—	50.500	50.500	50.500	50.500	50.500	50.500
	其他材料费	%	0.50	0.50	0.50	0.50	0.50	0.50	0.50
	水	m³	5.250	5.250	5.250	5.250	5.250	5.250	5.250

2. 硅芯管试通

工作内容: 1. 硅芯管试通:试通准备,开机试通,记录、整理资料等。
　　　　　　2. 硅芯管道充气试验:试验准备,充气试验等。　　　　计量单位: 孔千米

编　号			11-2-103	11-2-104
项　目			硅芯管试通	硅芯管充气试验
名　称		单位	消　耗　量	
人工	合计工日	工日	1.260	0.760
	其中 一般技工	工日	0.630	0.380
	普工	工日	0.630	0.380
材料	塑料管充气堵头	个	—	2.020
	其他材料费	%	—	0.50
机械	气流敷设设备(含空压机)	台班	0.080	—
	载货汽车 - 普通货车 5t	台班	0.080	0.120
	内燃空气压缩机 6m³/min	台班	—	0.120

六、铺设镀锌钢管管道

工作内容:锉管内口,铺设钢管,处理,试通等。 计量单位:100m

编　号			11-2-105	11-2-106	11-2-107	11-2-108	11-2-109	11-2-110	11-2-111
项　目			敷设镀锌钢管管道						
			1孔	2孔 (2×1)	3孔 (3×1)	4孔 (2×2)	6孔 (3×2)	9孔 (3×3)	12孔 (4×3)
名　称		单位	消　耗　量						
人工	合计工日	工日	1.430	2.110	3.130	4.170	5.940	8.620	11.280
	其中 高级技工	工日	0.130	0.180	0.260	0.350	0.490	0.720	0.940
	一般技工	工日	0.520	0.740	1.040	1.390	1.980	2.870	3.760
	普工	工日	0.780	1.190	1.830	2.430	3.470	5.030	6.580
材料	镀锌钢管 DN80~114	m	(102.000)	(204.000)	(306.000)	(408.000)	(612.000)	(918.000)	(1 224.000)
	管箍 DN25	个	20.000	40.000	60.000	80.000	120.000	180.000	240.000
	扁钢 50×5	kg	—	—	—	12.940	19.400	38.810	51.740
	其他材料费	%	0.50	0.50	0.50	0.50	0.50	0.50	0.50
	水	m³	5.250	5.250	5.250	5.250	5.250	5.250	5.250

计量单位:100m

编　号			11-2-112	11-2-113
项　目			铺设镀锌钢管管道	
			18孔(6×3)	24孔(6×4)
名　称		单位	消　耗　量	
人工	合计工日	工日	16.360	21.440
	其中 高级技工	工日	1.360	1.790
	一般技工	工日	5.450	7.140
	普工	工日	9.550	12.510
材料	镀锌钢管 DN80~114	m	(1 836.000)	(2 448.000)
	管箍 DN25	个	360.000	480.000
	扁钢 50×5	kg	77.620	116.420
	其他材料费	%	0.50	0.50
	水	m³	5.250	5.250

七、地下定向钻孔敷管

工作内容:设备就位,现场组装,检验管材,打磨内口,(管材接续),挖(填)工作坑,测位钻孔,回拖扩孔,敷设管材,封堵管口,整理资料等。

	编　号		11-2-114	11-2-115	11-2-116	11-2-117	11-2-118	11-2-119
	项　目		地下定向钻孔敷管					
			钻孔孔径φ120mm 以下		钻孔孔径φ240mm 以下		钻孔孔径φ360mm 以下	
			30m以下	每增加10m	30m以下	每增加10m	30m以下	每增加10m
			处	10m	处	10m	处	10m
	名　称	单位	消　耗　量					
人工	合计工日	工日	10.620	2.130	14.220	2.840	19.280	3.860
	其中　高级技工	工日	0.530	0.110	0.790	0.160	1.190	0.240
	一般技工	工日	2.110	0.420	3.170	0.630	4.750	0.950
	普工	工日	7.980	1.600	10.260	2.050	13.340	2.670
材料	管材	m	(36.360)	(12.120)	(36.360)	(12.120)	(36.360)	(12.120)
	机械式管口堵头	个	2.020	—	2.020	—	2.020	—
	其他材料费	%	0.50		0.50		0.50	
机械	微控钻孔敷管设备(25t以下)	台班	1.070	0.210	1.500	0.300	2.100	0.420
	载货汽车-普通货车 5t	台班	1.000	0.200	1.400	0.280	1.960	0.390
	汽车式起重机 8t	台班	1.000	0.200	1.400	0.280	1.960	0.390

编　号		11-2-120	11-2-121	11-2-122	11-2-123
项　目		地下定向钻孔敷管			
		钻孔孔径φ600mm以下		钻孔孔径φ840mm以下	
		30m以下	每增加10m	30m以下	每增加10m
		处	10m	处	10m
名　称	单位	消　耗　量			
人工	合计工日	工日	26.250	5.250	39.670	7.930
	其中 高级技工	工日	1.780	0.360	2.730	0.550
	一般技工	工日	7.130	1.420	10.930	2.180
	普工	工日	17.340	3.470	26.010	5.200
材料	机械式管口堵头	个	2.020	—	2.020	—
	管材	m	（36.360）	（12.120）	（36.360）	（12.120）
	其他材料费	%	0.50	—	0.50	—
机械	微控钻孔敷管设备（25t以上）	台班	2.940	0.590	4.120	0.820
	载货汽车–普通货车 5t	台班	2.740	0.550	3.840	0.770
	汽车式起重机 8t	台班	2.740	0.550	3.840	0.770

八、管道填充水泥砂浆、混凝土包封

工作内容：1. 管道填充水泥砂浆：拌和、填充水泥砂浆，养护等。

2. 管道混凝土包封：制、支、拆模板，洗刷管身基础及模板，浇筑混凝土，养护等。

计量单位：m³

编　号		11-2-124	11-2-125	11-2-126	11-2-127	11-2-128	11-2-129
项　目		填充水泥砂浆		管道混凝土包封			
		M7.5	M10	C15	C20	C25	C30
名　称	单位	消　耗　量					
人工	合计工日	工日	1.260	1.260	2.500	2.500	2.500	2.500
	其中 一般技工	工日	0.630	0.630	1.250	1.250	1.250	1.250
	普工	工日	0.630	0.630	1.250	1.250	1.250	1.250
材料	水泥 P·O 42.5	t	0.250	0.290	0.310	0.370	0.400	0.400
	粗砂	t	1.420	1.410	0.710	0.650	0.590	0.620
	碎石 5~32	t	—	—	1.340	1.340	1.330	1.340
	板方材 Ⅲ等	m³	—	—	0.060	0.060	0.060	0.060
	其他材料费	%	0.50	0.50	0.50	0.50	0.50	0.50

九、砌筑人（手）孔

1. 砖砌人（手）孔

（1）现场浇筑上覆

工作内容：找平、夯实，制、支、拆模板，砌砖，人孔内外壁抹灰、抹八字，安装电缆支架，绑扎、置放钢筋，浇筑混凝土，安装拉力环、积水罐和人孔口圈，养护等。

计量单位：个

编 号			11-2-130	11-2-131	11-2-132	11-2-133
项 目			砖砌人孔（现场浇筑上覆）			
			小号直通型	小号三通型	小号四通型	小号15°斜通型
名 称		单位	消 耗 量			
人工	合计工日	工日	12.200	15.990	19.320	12.730
	其中 一般技工	工日	5.850	7.780	9.280	5.950
	普工	工日	6.350	8.210	10.040	6.780
材料	水泥 P·O 42.5	t	1.140	1.620	1.660	1.170
	粗砂	t	3.340	4.710	4.700	3.450
	碎石 5~32	t	2.090	3.070	3.170	2.160
	标准砖 240×115×53	千块	1.830	2.560	2.600	1.900
	钢筋 φ10	kg	1.760	5.290	5.290	1.760
	钢筋 φ12	kg	33.550	39.980	42.110	57.130
	钢筋 φ14	kg	28.780	50.120	51.800	8.390
	钢筋 φ16	kg	—	12.230	13.220	—
	板方材 Ⅲ等	m³	0.030	0.040	0.050	0.030
	电缆人孔口圈（车行道用）	套	1.010	1.010	1.010	1.010
	电缆托架 60cm	根	—	5.050	7.070	—
	电缆托架 120cm	根	4.040	5.050	4.040	5.050
	电缆托架穿钉 M16	根	8.080	20.200	22.220	10.100
	积水罐	套	1.010	1.010	1.010	1.010
	拉力环	个	2.020	3.030	4.040	2.020
	其他材料费	%	0.50	0.50	0.50	0.50
	水	m³	3.150	3.150	3.150	3.150

计量单位：个

编　号			11-2-134	11-2-135	11-2-136	11-2-137
项　目			砖砌人孔（现场浇筑上覆）			
			小号 30°斜通型	小号 45°斜通型	小号 60°斜通型	小号 75°斜通型
名　称		单位	消　耗　量			
人工	合计工日	工日	13.100	13.560	14.380	15.530
	其中 一般技工	工日	6.150	6.320	6.580	6.750
	普工	工日	6.950	7.240	7.800	8.780
材料	水泥 P·O 42.5	t	1.230	1.290	1.400	1.430
	砂子（粗砂）	m³	3.600	3.770	4.030	4.100
	碎石 5~32	t	2.320	2.730	2.720	2.770
	标准砖 240×115×53	千块	1.960	2.040	2.140	2.180
	钢筋 ϕ10	kg	1.760	4.410	5.290	5.290
	钢筋 ϕ12	kg	56.470	27.700	34.410	35.090
	钢筋 ϕ14	kg	8.690	46.360	46.160	45.130
	钢筋 ϕ16	kg	—	10.970	11.040	11.230
	板方材 Ⅲ等	m³	0.030	0.030	0.040	0.040
	电缆人孔口圈（车行道用）	套	1.010	1.010	1.010	1.010
	电缆托架 120cm	根	6.060	6.060	6.060	7.070
	电缆托架穿钉 M16	根	12.120	12.120	12.120	14.140
	积水罐	套	2.020	2.020	2.020	2.020
	拉力环	个	2.020	3.030	4.040	2.020
	其他材料费	%	0.50	0.50	0.50	0.50
	水	m³	3.150	3.150	3.150	3.150

计量单位：个

编　号			11-2-138	11-2-139	11-2-140	11-2-141
项　目			砖砌人孔（现场浇筑上覆）			
			中号直通型	中号三通型	中号四通型	中号15°斜通型
名　称		单位	消　耗　量			
人工	合计工日		工日	13.600	24.500	25.250	13.800
	其中	一般技工	工日	6.550	11.760	12.250	6.700
		普工	工日	7.050	12.740	13.000	7.100
材料	水泥 P·O 42.5		t	1.410	2.390	2.450	1.400
	砂子（粗砂）		m³	3.540	7.400	7.580	4.240
	碎石 5~32		t	2.890	4.480	4.680	3.080
	标准砖 240×115×53		千块	2.080	4.710	4.790	2.160
	钢筋 φ10		kg	1.760	6.170	6.170	1.760
	钢筋 φ12		kg	40.160	44.710	48.330	66.480
	钢筋 φ14		kg	35.820	66.710	67.620	9.230
	钢筋 φ16		kg	—	12.890	13.880	—
	板方材 Ⅲ等		m³	0.040	0.060	0.060	0.050
	电缆人孔口圈（车行道用）		套	1.010	1.010	1.010	1.010
	电缆托架 60cm		根	—	6.060	8.080	—
	电缆托架 120cm		根	6.060	7.070	6.060	6.060
	电缆托架穿钉 M16		根	12.120	26.260	28.280	12.120
	积水罐		套	1.010	1.010	1.010	1.010
	拉力环		个	2.020	3.030	4.040	2.020
	其他材料费		%	0.50	0.50	0.50	0.50
	水		m³	3.150	3.150	3.150	3.150

计量单位：个

编　号			11-2-142	11-2-143	11-2-144	11-2-145
项　目			砖砌人孔（现场浇筑上覆）			
			中号30°斜通型	中号45°斜通型	中号60°斜通型	中号75°斜通型
名　称		单位	消　耗　量			
人工	合计工日	工日	14.370	15.690	18.000	20.180
	其中 一般技工	工日	6.950	7.640	8.600	9.950
	普工	工日	7.420	8.050	9.400	10.230
材料	水泥 P·O 42.5	t	1.540	1.640	2.060	2.050
	粗砂	t	4.380	4.640	6.270	8.240
	碎石 5~32	t	3.220	3.430	4.080	4.060
	标准砖 240×115×53	千块	2.220	2.350	3.880	3.850
	钢筋 ϕ10	kg	1.760	5.290	5.290	5.290
	钢筋 ϕ12	kg	69.740	40.040	42.750	43.240
	钢筋 ϕ14	kg	9.380	48.640	56.060	55.720
	钢筋 ϕ16	kg	—	11.850	12.450	13.000
	板方材 Ⅲ等	m³	0.050	0.050	0.060	0.060
	电缆人孔口圈（车行道用）	套	1.010	1.010	1.010	1.010
	电缆托架 120cm	根	8.080	8.080	7.070	8.080
	电缆托架穿钉 M16	根	16.160	16.160	14.140	16.160
	积水罐	套	1.010	1.010	1.010	1.010
	拉力环	个	2.020	2.020	2.020	2.020
	其他材料费	%	0.50	0.50	0.50	0.50
	水	m³	3.150	3.150	3.150	3.150

计量单位:个

编　号			11-2-146	11-2-147	11-2-148	11-2-149
项　目			砖砌人孔（现场浇筑上覆）			
			大号直通型	大号三通型	大号四通型	大号15°斜通型
名　称		单位	消　耗　量			
人工	合计工日	工日	22.440	28.160	28.750	21.200
	其中 一般技工	工日	10.960	13.660	13.900	10.120
	普工	工日	11.480	14.500	14.850	11.080
材料	水泥 P·O 42.5	t	2.200	3.030	3.080	2.290
	粗砂	t	6.820	9.310	9.860	7.000
	碎石 5~32	t	4.200	5.730	5.870	4.400
	标准砖 240×115×53	千块	4.310	5.930	6.000	4.420
	钢筋 φ10	kg	5.290	6.170	6.170	5.290
	钢筋 φ12	kg	42.500	72.030	71.460	44.580
	钢筋 φ14	kg	18.280	62.480	64.520	50.170
	钢筋 φ16	kg	13.220	42.300	43.270	13.220
	钢筋 φ18	kg	65.280	—	—	—
	板方材 Ⅲ等	m³	0.070	0.090	0.090	0.060
	电缆人孔口圈（车行道用）	套	1.010	2.020	2.020	1.010
	电缆托架 60cm	根	—	6.060	8.080	—
	电缆托架 120cm	根	6.060	—	—	7.070
	电缆托架 180cm	根	—	7.070	6.060	—
	电缆托架穿钉 M16	根	12.120	26.260	28.280	14.140
	积水罐	套	1.010	1.010	1.010	1.010
	拉力环	个	2.020	3.030	4.040	2.020
	其他材料费	%	0.50	0.50	0.50	0.50
	水	m³	3.150	3.150	3.150	3.150

计量单位：个

编　号			11-2-150	11-2-151	11-2-152	11-2-153
项　目			砖砌人孔（现场浇筑上覆）			
			大号30°斜通型	大号45°斜通型	大号60°斜通型	大号75°斜通型
名　称		单位	消　耗　量			
人工	合计工日	工日	26.250	28.160	29.940	31.750
	其中 一般技工	工日	12.750	14.000	14.820	15.600
	普工	工日	13.500	14.160	15.120	16.150
材料	水泥 P·O 42.5	t	2.460	2.690	2.690	2.770
	粗砂	t	7.580	7.920	8.230	8.380
	碎石 5~32	t	4.700	4.950	5.210	5.390
	标准砖 240×115×53	千块	4.790	4.990	5.150	5.210
	钢筋 ϕ10	kg	4.410	4.410	5.290	5.290
	钢筋 ϕ12	kg	65.230	68.580	68.190	70.710
	钢筋 ϕ14	kg	43.990	47.870	44.390	48.050
	钢筋 ϕ16	kg	27.170	26.750	26.720	27.270
	钢筋 ϕ18	kg	15.910	15.910	32.640	32.640
	板方材 Ⅲ等	m³	0.070	0.070	0.080	0.080
	电缆人孔口圈（车行道用）	套	2.020	2.020	2.020	2.020
	电缆托架 120cm	根	8.080	8.080	9.090	9.090
	电缆托架穿钉 M16	根	16.160	16.160	18.180	18.180
	积水罐	套	1.010	1.010	1.010	1.010
	拉力环	个	2.020	2.020	2.020	2.020
	其他材料费	%	0.50	0.50	0.50	0.50
	水	m³	3.150	3.150	3.150	3.150

计量单位：个

编　　号			11-2-154	11-2-155	11-2-156
项　　目			砖砌手孔（现场浇筑上覆）		
			70×90	90×120	120×170
名　　称		单位	消　耗　量		
人工	合计工日	工日	6.920	7.900	9.900
	其中 一般技工	工日	3.320	3.750	4.510
	普工	工日	3.600	4.150	5.390
材料	水泥 P·O 42.5	t	0.430	0.530	0.870
	粗砂	t	1.140	1.380	2.180
	砂子（粗砂）	m³	1.140	1.380	2.180
	碎石 5~32	t	0.610	0.720	1.270
	标准砖 240×115×53	千块	0.670	0.830	1.270
	圆钢 φ10	kg	1.760	1.760	1.760
	圆钢 φ12	kg	10.760	13.410	46.240
	圆钢 φ14	kg	11.350	13.820	7.650
	板方材 Ⅲ等	m³	0.010	0.010	0.020
	电缆人孔口圈（车行道用）	套	1.010	1.010	1.010
	电缆托架 60cm	根	4.040	4.040	4.040
	电缆托架穿钉 M16	根	8.080	8.080	8.080
	积水罐	套	1.010	1.010	1.010
	拉力环	个	2.020	2.020	3.030
	其他材料费	%	0.50	0.50	0.50
	水	m³	1.050	1.050	1.050

（2）现场吊装上覆

工作内容： 找平、夯实，制、支、拆模板，砌砖，抹内外壁、抹八字、养护；人孔上覆的
吊装、垫砂浆、就位、找平、灌浆，抹八字，安装拉力环、积水罐和人孔口
圈等。

计量单位：个

编　号			11-2-157	11-2-158	11-2-159	11-2-160	11-2-161	11-2-162	11-2-163	11-2-164
项　目			砖砌人孔（现场吊装上覆）							
			小号直通型	小号三通型	小号四通型	小号15°斜通型	小号30°斜通型	小号45°斜通型	小号60°斜通型	小号75°斜通型
名　称		单位	消　耗　量							
人工	合计工日	工日	9.950	13.430	13.730	10.150	10.780	11.110	11.670	12.590
	其中 一般技工	工日	4.800	6.350	6.580	4.880	5.140	5.360	5.620	6.080
	普工	工日	5.150	7.080	7.150	5.270	5.640	5.750	6.050	6.510
材料	水泥 P·O 42.5	t	0.790	1.100	1.120	0.820	0.850	0.890	0.940	0.960
	粗砂	t	2.880	4.000	3.990	3.010	3.090	3.230	3.410	3.470
	碎石 5~32	t	1.000	1.390	1.440	1.040	1.090	1.430	1.270	1.260
	标准砖 240×115×53	千块	1.830	2.560	2.600	1.900	1.960	2.040	2.140	2.180
	上覆板	套	1.010	1.010	1.010	1.010	1.010	1.010	1.010	1.010
	板方材 Ⅲ等	m³	0.010	0.020	0.020	0.010	0.010	0.010	0.010	0.020
	电缆人孔口圈（车行道用）	套	1.010	1.010	1.010	1.010	1.010	1.010	1.010	1.010
	电缆托架 60cm	根	—	5.050	7.070	—	—	—	—	—
	电缆托架 120cm	根	4.040	5.050	4.040	5.050	6.060	6.060	6.060	7.070
	电缆托架穿钉 M16	根	8.080	20.200	22.220	10.100	12.120	12.120	12.120	14.140
	积水罐	套	1.010	1.010	1.010	1.010	1.010	1.010	1.010	1.010
	拉力环	个	2.020	3.030	4.040	2.020	2.020	2.020	2.020	2.020
	其他材料费	%	0.50	0.50	0.50	0.50	0.50	0.50	0.50	0.50
	水	m³	3.150	3.150	3.150	3.150	3.150	3.150	3.150	3.150
机械	汽车式起重机 8t	台班	0.130	0.150	0.150	0.130	0.130	0.130	0.130	0.130
	载货汽车 - 普通货车 8t	台班	0.130	0.150	0.150	0.130	0.130	0.130	0.130	0.130

计量单位:个

编　　　号			11-2-165	11-2-166	11-2-167	11-2-168	11-2-169	11-2-170	11-2-171	11-2-172
项　　目			砖砌人孔(现场吊装上覆)							
			中号直通型	中号三通型	中号四通型	中号15°斜通型	中号30°斜通型	中号45°斜通型	中号60°斜通型	中号75°斜通型
名　　称		单位	消　耗　量							
人工	合计工日	工日	13.590	20.650	21.740	13.410	14.340	14.980	13.720	19.410
	其中 一般技工	工日	6.510	9.750	10.360	6.450	6.890	7.240	6.530	9.180
	普工	工日	7.080	10.900	11.380	6.960	7.450	7.740	7.190	10.230
材料	水泥 P·O 42.5	t	0.980	1.750	1.800	1.090	1.050	1.120	1.480	1.480
	粗砂	t	3.460	6.540	6.700	3.610	3.700	3.940	5.480	5.460
	碎石 5~32	t	1.490	2.420	2.550	1.590	1.650	1.750	2.180	2.190
	标准砖 240×115×53	千块	2.080	4.710	4.790	2.160	2.130	2.350	3.880	3.850
	上覆板	套	1.010	1.010	1.010	1.010	1.010	1.010	1.010	1.010
	板方材 Ⅲ 等	m³	0.020	0.030	0.030	0.020	0.020	0.020	0.020	0.020
	电缆人孔口圈(车行道用)	套	1.010	1.010	1.010	1.010	1.010	1.010	1.010	1.010
	电缆托架 60cm	根	—	6.060	8.080	—	—	—	—	—
	电缆托架 120cm	根	6.060	7.070	6.060	6.060	8.080	8.080	7.070	8.080
	电缆托架穿钉 M16	根	12.120	26.260	28.280	12.120	16.160	16.160	14.140	16.160
	积水罐	套	1.010	1.010	1.010	1.010	1.010	1.010	1.010	1.010
	拉力环	个	2.020	3.030	4.040	2.020	2.020	2.020	2.020	2.020
	其他材料费	%	0.50	0.50	0.50	0.50	0.50	0.50	0.50	0.50
	水	m³	3.150	3.150	3.150	3.150	3.150	3.150	3.150	3.150
机械	汽车式起重机 8t	台班	0.130	0.180	0.180	0.150	0.150	0.150	0.150	0.150
	载货汽车-普通货车 8t	台班	0.130	0.180	0.180	0.150	0.150	0.150	0.150	0.150

计量单位：个

编　号			11-2-173	11-2-174	11-2-175	11-2-176	11-2-177	11-2-178	11-2-179	11-2-180
项　目			砖砌人孔（现场吊装上覆）							
			大号直通型	大号三通型	大号四通型	大号15°斜通型	大号30°斜通型	大号45°斜通型	大号60°斜通型	大号75°斜通型
名　称		单位	消　耗　量							
人工	合计工日	工日	22.240	27.610	28.050	20.450	23.550	25.890	27.210	27.570
	其中 一般技工	工日	10.900	13.560	13.850	9.890	11.400	12.810	13.260	13.430
	普工	工日	11.340	14.050	14.200	10.560	12.150	13.080	13.950	14.140
材料	水泥 P·O 42.5	t	1.610	2.190	2.210	1.640	1.800	1.880	1.950	1.980
	粗砂	t	5.990	8.190	8.280	6.120	6.680	6.860	7.210	7.310
	碎石 5~32	t	2.230	3.000	3.070	2.300	2.520	2.650	2.780	2.830
	标准砖 240×115×53	千块	4.310	5.930	6.000	4.420	4.790	4.990	5.150	5.210
	上覆板	套	1.010	1.010	1.010	1.010	1.010	1.010	1.010	1.010
	板方材 Ⅲ等	m³	0.030	0.040	0.040	0.030	0.030	0.030	0.030	0.030
	电缆人孔口圈（车行道用）	套	1.010	2.020	2.020	1.010	2.020	2.020	2.020	2.020
	电缆托架 60cm	根	—	6.060	8.080	—	—	—	—	—
	电缆托架 120cm	根	6.060	—	—	7.070	8.080	8.080	9.090	9.090
	电缆托架 180cm	根	—	7.070	6.060	—	—	—	—	—
	电缆托架穿钉 M16	根	12.120	26.260	28.280	14.140	16.160	16.160	18.180	18.180
	积水罐	套	1.010	1.010	1.010	1.010	1.010	1.010	1.010	1.010
	拉力环	个	2.020	3.030	4.040	2.020	2.020	2.020	2.020	2.020
	其他材料费	%	0.50	0.50	0.50	0.50	0.50	0.50	0.50	0.50
	水	m³	3.150	3.150	3.150	3.150	3.150	3.150	3.150	3.150
机械	汽车式起重机 8t	台班	0.150	0.200	0.200	0.180	0.180	0.180	0.180	0.180
	载货汽车－普通货车 8t	台班	0.150	0.200	0.200	0.180	0.180	0.180	0.180	0.180

计量单位：个

编　号		11-2-181	11-2-182	11-2-183	11-2-184	11-2-185	11-2-186
项　目		砖砌人孔（现场吊装上覆）			砖砌手孔（现场吊装上覆）		
		24-36特型直通	24-36特型三通	24-36特型四通	700×900手孔	900×1200手孔	1200×1700手孔
名　称	单位	消　耗　量					
人工	合计工日	工日	60.890	78.980	80.190	5.270	6.400	8.880
其中	一般技工	工日	28.330	38.540	39.130	2.620	3.150	4.330
	普工	工日	32.560	40.440	41.060	2.650	3.250	4.550
材料	水泥 P·O 42.5	t	7.600	8.150	8.150	0.380	0.450	0.690
	粗砂	t	30.690	31.660	31.660	1.070	1.270	1.940
	碎石 5~32	t	5.450	7.700	7.700	0.470	0.470	0.700
	标准砖 240×115×53	千块	11.400	16.490	17.700	0.670	0.830	1.270
	手孔上覆板 70×90	套	—	—	—	1.000	—	—
	手孔上覆板 90×120	套	—	—	—	—	1.000	—
	手孔上覆板 120×170	套	—	—	—	—	—	1.000
	特型直通上覆板	套	1.010	—	—	—	—	—
	特型三通上覆板	套	—	1.000	—	—	—	—
	特型四通上覆板	套	—	—	1.000	—	—	—
	板方材 Ⅲ等	m³	0.170	0.170	0.170	0.010	0.010	0.010
	电缆人孔口圈（车行道用）	套	2.020	2.020	2.020	1.010	1.010	1.010
	电缆托架 60cm	根	—	4.040	4.040	4.040	4.040	4.040
	电缆托架 120cm	根	24.240	18.180	16.160	—	—	—
	电缆托架 180cm	根	—	10.100	10.100	—	—	—
	电缆托架穿钉 M16	根	48.480	64.640	60.600	8.080	8.080	8.080
	镀锌有头穿钉 M12×40	副	72.720	—	96.960	—	—	—
	镀锌有头穿钉 M16×400	副	12.120	8.080	8.080	—	—	—
	积水罐	套	2.020	2.020	2.020	1.010	1.010	1.010
	拉力环	个	3.030	4.040	5.050	2.020	2.020	3.030
	圆钢 φ6	kg	10.040	15.780	15.930	—	—	—
	圆钢 φ12	kg	154.760	202.210	205.490	—	—	—
	螺纹钢筋 φ16	kg	103.700	224.910	224.580	—	—	—
	扁钢 50×8	kg	59.910	33.280	39.940	—	—	—
	槽钢 8#	kg	93.260	97.690	86.030	—	—	—
	角钢 40×5	kg	13.000	20.000	20.240	—	—	—
	角钢 50×5	kg	43.700	50.480	50.480	—	—	—
	其他材料费	%	0.50	0.50	0.50	0.50	0.50	0.50
	水	m³	3.150	3.150	3.150	3.150	3.150	3.150
机械	汽车式起重机 8t	台班	0.150	0.200	0.200	0.130	0.130	0.130
	载货汽车－普通货车 8t	台班	0.150	0.200	0.200	0.130	0.130	0.130

2. 砌筑混凝土预制砖人孔

工作内容：找平、夯实，制、支、拆模板，砌块，抹内外壁、抹八字，养护；人孔上覆的吊装，垫砂浆、就位、找平、灌浆，抹八字，安装拉力环、积水罐和人孔口圈等。

计量单位：个

编　号			11-2-187	11-2-188	11-2-189	11-2-190
项　目			砌筑混凝土预制砖人孔（50kN 人孔系列）			
			1 500×900×1 200	1 800×1 200×1 800	2 000×1 400×1 800	2 400×1 400×1 800 直通型
名　称		单位	消　耗　量			
人工	合计工日	工日	4.640	5.870	6.390	7.180
	其中 一般技工	工日	2.210	2.790	3.040	3.420
	普工	工日	2.430	3.080	3.350	3.760
材料	人孔上覆板 1 500×300×150	块	1.000	2.000	—	—
	人孔上覆板 1 500×1 500×150	块	1.000	1.000	—	—
	人孔上覆板 1 800×500×150	块	—	—	2.000	2.000
	人孔上覆板 1 800×1 600×150	块	—	—	1.000	1.000
	甲型混凝土砌块	块	70.000	88.000	88.000	88.000
	乙型混凝土砌块	块	—	66.000	88.000	110.000
	水泥 P·O 42.5	t	0.390	0.580	0.680	0.770
	粗砂	t	1.100	1.700	1.980	2.240
	碎石 5~32	t	0.900	1.230	1.480	1.700
	弧形砖 I型	块	16.000	16.000	16.000	16.000
	人孔口圈盖	套	1.010	1.010	1.010	1.010
	电缆支架 600×60×6	根	4.040	—	—	—
	电缆支架 900×60×6	根	—	4.040	4.040	6.060
	支架穿钉 M16	副	8.080	8.080	8.080	12.120
	拉力环	个	2.020	2.020	2.020	2.020
	积水罐	套	1.010	1.010	1.010	1.010
	圆钢 ϕ10	kg	42.000	55.000	67.000	80.000
	其他材料费	%	0.50	0.50	0.50	0.50
	水	m³	3.150	3.150	3.150	3.150
机械	汽车式起重机 8t	台班	0.130	0.130	0.140	0.140
	载货汽车－普通货车 5t	台班	0.130	0.130	0.140	0.140

计量单位：个

编　号			11-2-191	11-2-192	11-2-193	11-2-194	11-2-195
项　目			砌筑混凝土预制砖人孔（50kN 人孔系列）				
			2 400 × 1 400 × 1 800 三通型	2 400 × 1 400 × 1 800 四通型	3 000 × 1 500 × 1 800 直通型	3 000 × 1 500 × 1 800 三通型	3 000 × 1 500 × 1 800 四通型
名　称		单位	消　耗　量				
人工	合计工日	工日	7.200	7.330	8.680	9.080	9.160
	其中 一般技工	工日	3.460	3.490	4.130	4.320	4.360
	普工	工日	3.740	3.840	4.550	4.760	4.800
材料	人孔上覆板 1 800 × 500 × 150	块	2.000	2.000	—	—	—
	人孔上覆板 1 800 × 900 × 150	块	—	—	2.000	—	—
	人孔上覆板 1 800 × 1 600 × 150	块	1.000	1.000	1.000	2.000	2.000
	甲型混凝土砌块	块	88.000	88.000	154.000	154.000	154.000
	乙型混凝土砌块	块	110.000	110.000	88.000	88.000	88.000
	水泥 P·O 42.5	t	0.770	0.770	0.970	0.980	0.980
	粗砂	t	2.240	2.240	2.780	2.810	2.810
	碎石 5~32	t	1.700	1.700	2.260	2.260	2.260
	弧形砖 I型	块	16.000	16.000	16.000	32.000	32.000
	人孔口圈盖	套	1.010	1.010	1.010	2.020	2.020
	电缆支架 900 × 60 × 6	根	6.060	6.060	8.080	8.080	8.080
	支架穿钉 M16	副	12.120	12.120	16.160	16.160	16.160
	拉力环	个	3.030	4.040	2.020	3.030	4.040
	积水罐	套	1.010	1.010	1.010	1.010	1.010
	圆钢 $\phi 10$	kg	80.000	80.000	107.000	107.000	107.000
	其他材料费	%	0.50	0.50	0.50	0.50	0.50
	水	m³	3.150	3.150	3.150	3.150	3.150
机械	汽车式起重机 8t	台班	0.140	0.140	0.150	0.150	0.150
	载货汽车 – 普通货车 5t	台班	0.140	0.140	0.150	0.150	0.150

计量单位：个

编　　号			11-2-196	11-2-197	11-2-198	11-2-199
项　　目			砌筑混凝土预制砖人孔（50kN 人孔系列）			
			4 000×2 000×1 800 直通型	4 000×2 000×2 000 直通型	4 000×2 000×1 800 三通型	4 000×2 000×2 000 三通型
名　　称		单位	消　耗　量			
人工	合计工日	工日	16.060	16.670	16.160	16.750
	其中 一般技工	工日	7.650	7.930	7.690	7.970
	普工	工日	8.410	8.740	8.470	8.780
材料	人孔上覆板 2 600×2 300×200	块	2.000	2.000	2.000	2.000
	甲型混凝土砌块	块	484.000	528.000	484.000	528.000
	乙型混凝土砌块	块	88.000	96.000	88.000	96.000
	水泥 P·O 42.5	t	2.350	2.500	2.350	2.500
	粗砂	t	6.930	7.600	6.930	7.600
	碎石 5~32	t	5.240	5.240	5.240	5.240
	弧形砖 Ⅰ型	块	32.000	32.000	32.000	32.000
	人孔口圈盖	套	2.020	2.020	2.020	2.020
	电缆支架 1 250×60×6	根	8.080	8.080	8.080	8.080
	支架穿钉 M16	副	16.160	16.160	16.160	16.160
	拉力环	个	2.020	2.020	3.030	3.030
	积水罐	套	1.010	1.010	1.010	1.010
	圆钢 ϕ10	kg	153.000	153.000	153.000	153.000
	圆钢 ϕ12	kg	129.000	129.000	129.000	129.000
	其他材料费	%	0.50	0.50	0.50	0.50
	水	m³	3.150	3.150	3.150	3.150
机械	汽车式起重机 8t	台班	0.170	0.170	0.170	0.170
	载货汽车－普通货车 8t	台班	0.170	0.170	0.170	0.170

计量单位：个

编 号			11-2-200	11-2-201	11-2-202	11-2-203
项 目			砌筑混凝土预制砖人孔（50kN 人孔系列）			
			4 000 × 2 000 × 1 800 四通型	4 000 × 2 000 × 2 000 四通型	6 200 × 2 000 × 2 000	8 500 × 2 000 × 2 000
名 称		单位	消 耗 量			
人 工	合计工日	工日	16.230	16.810	22.380	29.750
	其 中 一般技工	工日	7.720	8.000	10.650	14.150
	普工	工日	8.510	8.810	11.730	15.600
材 料	人孔上覆板 2 600 × 2 300 × 200	块	2.000	2.000	3.000	4.000
	甲型混凝土砌块	块	484.000	528.000	720.000	960.000
	乙型混凝土砌块	块	88.000	96.000	96.000	48.000
	水泥 P·O 42.5	t	2.350	2.500	3.510	4.520
	粗砂	t	6.930	7.600	10.500	13.410
	碎石 5~32	t	5.240	5.240	7.650	10.060
	弧形砖 I型	块	32.000	32.000	48.000	64.000
	人孔口圈盖	套	2.020	2.020	3.030	4.040
	电缆支架 1 250 × 60 × 6	根	8.080	8.080	10.100	14.140
	支架穿钉 M16	副	16.160	16.160	20.200	28.280
	拉力环	个	4.040	2.020	4.040	4.040
	积水罐	套	1.010	1.010	2.020	2.020
	圆钢 ϕ10	kg	153.000	153.000	182.000	178.000
	圆钢 ϕ12	kg	129.000	129.000	221.000	408.000
	其他材料费	%	0.50	0.50	0.50	0.50
	水	m³	3.150	3.150	3.150	3.150
机 械	汽车式起重机 8t	台班	0.170	0.170	0.180	0.190
	载货汽车 – 普通货车 8t	台班	0.170	0.170	0.180	0.190

计量单位: 个

编　号			11-2-204	11-2-205	11-2-206	11-2-207
项　目			砌筑混凝土预制砖人孔（70kN 人孔系列）			
			1 500 × 900 × 1 200	1 800 × 1 200 × 1 800	2 000 × 1 400 × 1 800	2 400 × 1 400 × 1 800 直通型
名　称		单位	消　耗　量			
人工	合计工日	工日	4.660	5.950	6.500	7.330
	其中 一般技工	工日	2.220	2.830	3.090	3.490
	普工	工日	2.440	3.120	3.410	3.840
材料	人孔上覆板 1 500 × 300 × 200	块	1.000	2.000	—	—
	人孔上覆板 1 500 × 1 500 × 200	块	1.000	1.000	—	—
	人孔上覆板 1 800 × 500 × 200	块	—	—	2.000	2.000
	人孔上覆板 1 800 × 1 600 × 200	块	—	—	1.000	1.000
	甲型混凝土砌块	块	70.000	88.000	88.000	88.000
	乙型混凝土砌块	块	—	66.000	88.000	110.000
	水泥 P·O 42.5	t	0.390	0.580	0.680	0.770
	粗砂	t	1.100	1.690	1.980	2.240
	碎石 5~32	t	0.900	1.230	1.480	1.700
	弧形砖 Ⅰ型	块	16.000	16.000	16.000	16.000
	人孔口圈盖	套	1.010	1.010	1.010	1.010
	电缆支架 900 × 60 × 6	根	—	4.040	4.040	6.060
	电缆支架 600 × 60 × 6	根	4.040	—	—	—
	支架穿钉 M16	副	8.080	8.080	8.080	12.120
	拉力环	个	2.020	2.020	2.020	2.020
	积水罐	套	1.010	1.010	1.010	1.010
	圆钢 ϕ10	kg	44.000	62.000	75.000	57.000
	圆钢 ϕ12	kg	—	—	—	33.000
	其他材料费	%	0.50	0.50	0.50	0.50
	水	m³	3.150	3.150	3.150	3.150
机械	汽车式起重机 8t	台班	0.130	0.130	0.140	0.140
	载货汽车–普通货车 5t	台班	0.130	0.130	0.140	0.140

计量单位：个

编　　号			11-2-208	11-2-209	11-2-210	11-2-211	11-2-212
项　　目			砌筑混凝土预制砖人孔（70kN 人孔系列）				
			2 400 × 1 400 × 1 800 三通型	2 400 × 1 400 × 1 800 四通型	3 000 × 1 500 × 1 800 直通型	3 000 × 1 500 × 1 800 三通型	3 000 × 1 500 × 1 800 四通型
名　　称		单位	消　耗　量				
人工	合计工日	工日	7.400	7.480	8.870	9.290	9.360
	其中 一般技工	工日	3.520	3.560	4.220	4.420	4.450
	普工	工日	3.880	3.920	4.650	4.870	4.910
材料	人孔上覆板 1 800 × 500 × 150	块	2.000	2.000	—	—	—
	人孔上覆板 1 800 × 900 × 150	块	—	—	2.000	—	—
	人孔上覆板 1 800 × 1 600 × 150	块	1.000	1.000	1.000	2.000	2.000
	甲型混凝土砌块	块	88.000	88.000	154.000	154.000	154.000
	乙型混凝土砌块	块	110.000	110.000	88.000	88.000	88.000
	水泥 P·O 42.5	t	0.770	0.770	0.970	0.980	0.980
	粗砂	t	2.240	2.240	2.780	2.810	2.810
	碎石 5~32	t	1.700	1.700	2.260	2.260	2.260
	弧形砖 I 型	块	16.000	16.000	16.000	32.000	32.000
	人孔口圈盖	套	1.010	1.010	1.010	2.020	2.020
	电缆支架 900 × 60 × 6	根	6.060	6.060	8.080	8.080	8.080
	支架穿钉 M16	副	12.120	12.120	16.160	16.160	16.160
	拉力环	个	3.030	4.040	2.020	3.030	4.040
	积水罐	套	1.010	1.010	1.010	1.010	1.010
	圆钢 φ10	kg	57.000	57.000	75.000	75.000	75.000
	圆钢 φ12	kg	33.000	33.000	46.000	46.000	46.000
	其他材料费	%	0.50	0.50	0.50	0.50	0.50
	水	m³	3.150	3.150	3.150	3.150	3.150
机械	汽车式起重机 8t	台班	0.210	0.210	0.230	0.230	0.230
	载货汽车 - 普通货车 5t	台班	0.210	0.210	0.230	0.230	0.230

计量单位：个

编　号			11-2-213	11-2-214	11-2-215	11-2-216
项　目			砌筑混凝土预制砖人孔（70kN 人孔系列）			
			4 000×2 000× 1 800 直通型	4 000×2 000× 2 000 直通型	4 000×2 000× 1 800 三通型	4 000×2 000× 2 000 三通型
名　称		单位	消　耗　量			
人工	合计工日	工日	16.060	16.670	16.160	16.750
	其中　一般技工	工日	7.650	7.930	7.690	7.970
	普工	工日	8.410	8.740	8.470	8.780
材料	人孔上覆板 2 600×2 300×200	块	2.000	2.000	2.000	2.000
	甲型混凝土砌块	块	484.000	528.000	484.000	528.000
	乙型混凝土砌块	块	88.000	96.000	88.000	96.000
	水泥 P·O 42.5	t	2.350	2.500	2.350	2.500
	粗砂	t	6.930	7.600	6.930	7.600
	碎石 5~32	t	5.240	5.240	5.240	5.240
	弧形砖 I 型	块	32.000	32.000	32.000	32.000
	人孔口圈盖	套	2.020	2.020	2.020	2.020
	电缆支架 1 250×60×6	根	8.080	8.080	8.080	8.080
	支架穿钉 M16	副	16.160	16.160	16.160	16.160
	拉力环	个	2.020	2.020	3.030	3.030
	积水罐	套	1.010	1.010	1.010	1.010
	圆钢 ϕ10	kg	153.000	153.000	153.000	153.000
	圆钢 ϕ12	kg	129.000	129.000	129.000	129.000
	其他材料费	%	0.50	0.50	0.50	0.50
	水	m³	3.150	3.150	3.150	3.150
机械	汽车式起重机 8t	台班	0.170	0.170	0.170	0.170
	载货汽车 - 普通货车 8t	台班	0.170	0.170	0.170	0.170

计量单位：个

编　　　号			11-2-217	11-2-218	11-2-219	11-2-220
项　　目			砌筑混凝土预制砖人孔（70kN 人孔系列）			
			4 000 × 2 000 × 1 800 四通型	4 000 × 2 000 × 2 000 四通型	6 200 × 2 000 × 2 000	8 500 × 2 000 × 2 000
名　　称		单位	消　耗　量			
人工	合计工日	工日	16.230	16.810	22.430	30.330
	其中 一般技工	工日	7.720	8.000	10.670	14.430
	普工	工日	8.510	8.810	11.760	15.900
材料	人孔上覆板 2 600 × 2 300 × 200	块	2.000	2.000	3.000	4.000
	甲型混凝土砌块	块	484.000	528.000	720.000	960.000
	乙型混凝土砌块	块	88.000	96.000	96.000	48.000
	水泥 P·O 42.5	t	2.350	2.500	3.510	4.520
	粗砂	t	6.930	7.600	10.500	13.400
	碎石 5~32	t	5.240	5.240	7.650	10.050
	弧形砖 I 型	块	32.000	32.000	48.000	64.000
	人孔口圈盖	套	2.020	2.020	3.030	4.040
	电缆支架 1 250 × 60 × 6	根	8.080	8.080	10.100	14.140
	支架穿钉 M16	副	16.160	16.160	20.200	28.280
	拉力环	个	4.040	4.040	4.040	4.040
	积水罐	套	1.010	1.010	2.020	2.020
	圆钢 ϕ10	kg	153.000	153.000	221.000	86.000
	圆钢 ϕ12	kg	129.000	129.000	185.000	540.000
	其他材料费	%	0.50	0.50	0.50	0.50
	水	m³	3.150	3.150	3.150	3.150
机械	汽车式起重机 8t	台班	0.170	0.170	0.180	0.190
	载货汽车 – 普通货车 8t	台班	0.170	0.170	0.180	0.190

3. 砖砌配线手孔

工作内容:找平、夯实,制、支、拆模板,砌砖,手孔内外壁抹灰、抹八字,安装光(电)缆支架、拉力环,浇灌混凝土,安装手孔口圈,养护等。

计量单位:个

编 号			11-2-221	11-2-222	11-2-223	11-2-224	11-2-225	11-2-226
项 目			砖砌配线手孔					
			小手孔(SSK)	一号手孔(SK1)	二号手孔(SK2)	三号手孔(SK3)	四号手孔(SK4)	550×550手孔
名 称		单位	消 耗 量					
人工	合计工日	工日	2.100	3.430	6.250	7.730	9.510	4.800
	其中 一般技工	工日	0.910	1.480	2.650	3.280	4.080	2.250
	普工	工日	1.190	1.950	3.600	4.450	5.430	2.550
材料	水泥 P·O 42.5	t	0.070	0.140	0.200	0.230	0.280	0.260
	粗砂	t	0.320	0.630	0.920	1.100	1.280	0.730
	碎石 5~32	t	0.230	0.360	0.520	0.630	0.750	0.200
	标准砖 240×115×53	千块	0.150	0.350	0.510	0.600	0.700	0.510
	手孔口圈	套	1.010	1.010	1.010	1.010	1.010	—
	电缆托架 60cm	根	—	2.020	4.040	4.040	6.060	—
	电缆托架穿钉 M16	根	—	4.040	8.080	8.080	12.120	4.040
	拉力环	个	—	—	—	2.020	2.020	—
	板方材 Ⅲ等	m³	0.010	0.010	0.020	0.030	0.040	0.010
	手孔口圈 550×550	套	—	—	—	—	—	1.010
	其他材料费	%	0.50	0.50	0.50	0.50	0.50	0.50
	水	m³	1.050	1.050	1.050	1.050	1.050	1.050

十、管道防水及其他

1. 防 水

工作内容:1. 防水砂浆抹面法:运料,清扫墙面,拌制砂浆,抹平压光,调制、涂刷素水泥浆,掺氯化铁,养护等。

    2. 油毡防水法:运料,调制、涂刷冷底子油,熬制沥青,涂刷沥青,贴油毡,压实养护等。

    3. 玻璃布防水法:运料,调制、涂刷冷底子油,浸铺玻璃布,压实养护等。

    4. 聚氨酯防水法:运料,调制、水泥砂浆找平,涂刷聚氨酯,浸铺玻璃布,压实养护等。

计量单位:m²

编　号			11-2-227	11-2-228
项　目			防水砂浆抹面法(五层)	
			混凝土墙面	砖墙面
名　称		单位	消 耗 量	
人工	合计工日	工日	0.320	0.320
	其中 一般技工	工日	0.080	0.080
	普工	工日	0.240	0.240
材料	水泥 P·O 42.5	kg	20.890	21.490
	粗砂	kg	29.000	30.000
	防水添加剂	kg	1.010	1.010
	其他材料费	%	0.50	0.50

2. 其　他

工作内容：1. 砂浆砖砌体：拌和砂浆，砌砖等。
　　　　　　2. 砂浆抹面：拌和砂浆，抹面等。
　　　　　　3. 人孔壁开窗口：开凿人孔壁，修整、抹平窗口等。

编　号				11-2-229	11-2-230	11-2-231
项　目				砂浆砖砌体（M10）	砂浆抹面（1:2.5）	人孔壁开窗口
				m³	m²	处
名　称			单位	消　耗　量		
人工	合计工日		工日	2.130	0.250	2.000
	其中	一般技工	工日	0.850	0.100	—
		普工	工日	1.280	0.150	2.000
材料	水泥 P·O 42.5		kg	105.000	14.340	—
	粗砂		kg	322.000	44.000	—
	标准砖 240×115×53		千块	0.560	—	—
	其他材料费		%	0.50	0.50	—

第三章 通 信 杆 路

第三章 通信林網

说　　明

一、本章挖电杆、拉线、撑杆坑等的土质系按综合土、软石、坚石三类划分,其中综合土的构成为普通土 20%、硬土 50%、砂砾土 30%。

二、关于下列各项费用的规定:

1. 更换电杆及拉线按本册相关子目,人工乘以系数 2.00。

2. 组立安装 L 杆,取 H 杆同等杆高人工乘以系数 1.50;组立安装井字杆,取 H 杆同等杆人工乘以系数 2.00。

3. 高桩拉线中电杆至拉桩间正拉线的架设,执行相应安装吊线项目;立高桩执行相应立电杆项目。

4. 敷设档距在 100m 及以上的吊线、光(电)缆时,其人工按相应消耗量乘以系数 2.00。

5. 立电杆与撑杆、安装拉线部分为平原地区的项目,用于丘陵、水田、城区时按相应人工工日乘以系数 1.30 计取;用于山区时按相应人工工日乘以系数 1.60 计取。

三、安装拉线采用横木地锚时,相应项目中不含地锚铁柄和水泥拉线盘两种材料,需另增加制作横木拉线地锚的相应子目。

四、拉线坑所在地表有水或严重渗水时,应由设计另计取排水等措施费用。

五、有关说明:

1. 本章立普通品接杆高度为 15m 以内,特种品接杆高度为 24m 以内,工程中具体每节电杆的长度由设计确定。

2. 本章如未特殊说明均为单杆项目,如用于 H 杆时按相应消耗量的 2 倍计取。

3. 本章中架设吊线时,若不采用吊线担固定,由设计根据实际情况酌减吊线担相关材料。

4. 各种拉线的钢绞线消耗量按杆高 9m 以内、距高比按 1∶1 取定,如杆高与距高比根据地形地貌有变化,可据实调整换算其用量,杆高相差 1m 单条钢绞线的调整量见下表。

调 整 量

制式	7/2.2	7/2.6	7/3.0
调整量	± 0.31kg	± 0.45kg	± 0.60kg

一、立　杆

1. 立 水 泥 杆

工作内容:挖坑,清理,立杆,装H杆腰梁,回填夯实,号杆等。　　　　　　　　　计量单位:根

编　号			11-3-1	11-3-2	11-3-3	11-3-4	11-3-5	11-3-6
项　目			立9m以下水泥杆			立11m以下水泥杆		
			综合土	软石	坚石	综合土	软石	坚石
名　称		单位	消　耗　量					
人工	合计工日	工日	1.080	1.250	1.500	1.620	1.830	2.210
	其中 一般技工	工日	0.520	0.600	0.690	0.770	0.850	0.940
	普工	工日	0.560	0.650	0.810	0.850	0.980	1.270
材料	水泥电杆(梢径13~17cm)	根	(1.010)	(1.010)	(1.010)	(1.010)	(1.010)	(1.010)
机械	汽车式起重机 8t	台班	0.040	0.040	0.040	0.040	0.040	0.040

编　号			11-3-7	11-3-8	11-3-9	11-3-10	11-3-11	11-3-12
项　目			立13m以下水泥杆			立13m以下水泥 H杆		
			综合土	软石	坚石	综合土	软石	坚石
			根			座		
名　称		单位	消　耗　量					
人工	合计工日	工日	2.250	2.750	3.580	5.300	5.940	6.790
	其中 一般技工	工日	1.020	1.270	1.520	1.920	2.020	2.250
	普工	工日	1.230	1.480	2.060	3.380	3.920	4.540
材料	水泥电杆(梢径13~17cm)	根	(1.010)	(1.010)	(1.010)	(2.010)	(2.010)	(2.010)
	H杆腰梁(带抱箍)	套	—	—	—	1.010	1.010	1.010
	其他材料费	%	—	—	—	0.30	0.30	0.30
机械	汽车式起重机 8t	台班	0.060	0.060	0.060	0.120	0.120	0.120

2. 电杆根部加固及保护

工作内容: 1. 护桩:挖坑,固定涂油,回土夯实等。

2. 围桩、石笼、护墩:编铁笼,打桩,填石,砌石墩,抹面,回土夯实等。

3. 卡盘、底盘:挖坑,安装,回土夯实等。

4. 帮桩:挖坑,缠扎固定(涂油),回土夯实等。

5. 打桩:搭架,拆架,打桩,接杆等。

计量单位:处

编　号			11-3-13	11-3-14	11-3-15
项　目			电杆根部加固及保护		
			护桩	石笼	石护墩
名　称		单位	消　耗　量		
人工	合计工日	工日	0.380	4.500	5.500
	其中　一般技工	工日	0.130	1.500	1.900
	普工	工日	0.250	3.000	3.600
材料	防腐横木 2m	根	1.010	—	—
	镀锌铁丝 $\phi 4.0$	kg	1.020	16.750	—
	毛石	m³	—	1.740	1.740
	粗砂	kg	—	—	910.000
	水泥 32.5	kg	—	—	150.000
	其他材料费	%	0.30	0.30	0.30

编　　号			11-3-16	11-3-17	11-3-18	11-3-19
项　　目			电杆根部加固及保护			
			卡盘	底盘	水泥帮桩	木帮桩
			块		根	
名　　称		单位	消　耗　量			
人工	合计工日		工日	0.350	0.350	0.750	0.750
	其中	一般技工	工日	0.100	0.100	0.330	0.330
		普工	工日	0.250	0.250	0.420	0.420
材料	水泥（或木）帮桩	根	—	—	1.010	1.010
	镀锌铁丝 $\phi4.0$	kg	—	—	—	1.400
	水泥卡盘	块	1.010	—	—	—
	水泥底盘	块	—	1.010	—	—
	镀锌无头穿钉 M16×600	副	—	—	2.020	—
	卡盘抱箍	套	1.010	—	—	—
	其他材料费	%	0.30	0.30	0.30	0.30

3. 装 撑 杆

工作内容: 挖坑, 装撑杆, 装卡盘或横木, 回土夯实, 固定等。　　　　　　　　　　**计量单位:** 根

编　　号			11-3-20	11-3-21	11-3-22
项　　目			装水泥撑杆		
			综合土	软石	坚石
名　　称		单位	消　耗　量		
人工	合计工日	工日	1.240	2.150	2.780
	其中 一般技工	工日	0.620	0.730	1.460
	普工	工日	0.620	1.420	1.320
材料	水泥电杆	根	(1.010)	(1.010)	(1.010)
	拉线抱箍	套	2.020	2.020	2.020
	水泥卡盘	块	1.010	1.010	1.010
	卡盘抱箍	套	1.010	1.010	1.010
	其他材料费	%	0.30	0.30	0.30
机械	汽车式起重机 8t	台班	0.050	0.050	0.050

二、安装拉线

1. 水泥杆单股拉线

工作内容:挖坑,埋设地锚,安装拉线,收紧拉线,做中、上把,清理现场等。　　　　　　　　　　　计量单位:条

编　号			11-3-23	11-3-24	11-3-25	11-3-26	11-3-27	11-3-28	11-3-29	11-3-30	11-3-31
项　目			水泥杆夹板法 装7/2.2 单股拉线			水泥杆夹板法 装7/2.6 单股拉线			水泥杆夹板法 装7/3.0 单股拉线		
			综合土	软石	坚石	综合土	软石	坚石	综合土	软石	坚石
名　称		单位	消　耗　量								
人工	合计工日	工日	1.380	2.570	1.830	1.440	2.740	1.930	1.580	2.990	2.070
	其中 一般技工	工日	0.780	0.940	1.760	0.840	1.010	1.820	0.980	1.160	1.960
	普工	工日	0.600	1.630	0.070	0.600	1.730	0.110	0.600	1.830	0.110
材料	镀锌钢绞线	kg	3.020	3.020	3.020	3.800	3.800	3.800	5.000	5.000	5.000
	镀锌铁丝 ϕ1.5	kg	0.020	0.020	0.020	0.040	0.040	0.040	0.040	0.040	0.040
	镀锌铁丝 ϕ3.0	kg	0.300	0.300	0.300	0.550	0.550	0.550	0.450	0.450	0.450
	镀锌铁丝 ϕ4.0	kg	0.220	0.220	0.220	0.220	0.220	0.220	0.220	0.220	0.220
	地锚铁柄	套	1.010	1.010	—	1.010	1.010	—	1.010	1.010	—
	水泥拉线盘	套	1.010	1.010	—	1.010	1.010	—	1.010	1.010	—
	岩石钢地锚	套	—	—	1.010	—	—	1.010	—	—	1.010
	三眼双槽夹板	副	2.020	2.020	2.020	2.020	2.020	2.020	4.040	4.040	4.040
	拉线衬环	个	2.020	2.020	2.020	2.020	2.020	2.020	2.020	2.020	2.020
	拉线抱箍	套	1.010	1.010	1.010	1.010	1.010	1.010	1.010	1.010	1.010
	其他材料费	%	0.30	0.30	0.30	0.30	0.30	0.30	0.30	0.30	0.30

计量单位：条

编　　　号			11-3-32	11-3-33	11-3-34	11-3-35	11-3-36	11-3-37	11-3-38	11-3-39	11-3-40
项　　　目			水泥杆另缠法 装7/2.2单股拉线			水泥杆另缠法 装7/2.6单股拉线			水泥杆另缠法 装7/3.0单股拉线		
			综合土	软石	坚石	综合土	软石	坚石	综合土	软石	坚石
名　　　称		单位	消　耗　量								
人工	合计工日	工日	1.460	2.660	1.820	1.520	2.890	1.890	1.680	3.100	2.050
	其中 一般技工	工日	0.860	1.030	1.760	0.920	1.160	1.820	1.080	1.270	1.960
	普工	工日	0.600	1.630	0.060	0.600	1.730	0.070	0.600	1.830	0.090
材料	镀锌钢绞线	kg	3.020	3.020	3.020	3.800	3.800	3.800	5.000	5.000	5.000
	镀锌铁丝 ϕ1.5	kg	0.020	0.020	0.020	0.040	0.040	0.040	0.040	0.040	0.040
	镀锌铁丝 ϕ3.0	kg	0.600	0.600	0.600	0.700	0.700	0.700	1.120	1.120	1.120
	镀锌铁丝 ϕ4.0	kg	0.220	0.220	0.220	0.220	0.220	0.220	0.220	0.220	0.220
	地锚铁柄	套	1.010	1.010	—	1.010	1.010	—	1.010	1.010	—
	水泥拉线盘	套	1.010	1.010	—	1.010	1.010	—	1.010	1.010	—
	岩石钢地锚	套	—	—	1.010	—	—	1.010	—	—	1.010
	拉线衬环	个	2.020	2.020	2.020	2.020	2.020	2.020	2.020	2.020	2.020
	拉线抱箍	套	1.010	1.010	1.010	1.010	1.010	1.010	1.010	1.010	1.010
	其他材料费	%	0.30	0.30	0.30	0.30	0.30	0.30	0.30	0.30	0.30

计量单位：条

编　号		11-3-41	11-3-42	11-3-43	11-3-44	11-3-45	11-3-46	11-3-47	11-3-48	11-3-49
项　目		水泥杆卡固法 装7/2.2 单股拉线			水泥杆卡固法 装7/2.6 单股拉线			水泥杆卡固法 装7/3.0 单股拉线		
		综合土	软石	坚石	综合土	软石	坚石	综合土	软石	坚石
名　称	单位	消　耗　量								
人工 合计工日	工日	1.220	2.400	1.820	1.280	2.560	1.890	1.380	2.780	2.050
其中 一般技工	工日	0.620	0.770	1.760	0.680	0.830	1.820	0.780	0.950	1.960
普工	工日	0.600	1.630	0.060	0.600	1.730	0.070	0.600	1.830	0.090
镀锌钢绞线	kg	3.020	3.020	3.020	3.800	3.800	3.800	5.000	5.000	5.000
镀锌铁丝 ϕ1.5	kg	0.020	0.020	0.020	0.040	0.040	0.040	0.040	0.040	0.040
镀锌铁丝 ϕ4.0	kg	0.220	0.220	0.220	0.220	0.220	0.220	0.220	0.220	0.220
地锚铁柄	套	1.010	1.010	—	1.010	1.010	—	1.010	1.010	—
材料 水泥拉线盘	套	1.010	1.010	—	1.010	1.010	—	1.010	1.010	—
岩石钢地锚	套	—	—	1.010	—	—	1.010	—	—	1.010
钢线卡子	个	6.060	6.060	6.060	6.060	6.060	6.060	6.060	6.060	6.060
拉线衬环	个	2.020	2.020	2.020	2.020	2.020	2.020	2.020	2.020	2.020
拉线抱箍	套	1.010	1.010	1.010	1.010	1.010	1.010	1.010	1.010	1.010
其他材料费	%	0.30	0.30	0.30	0.30	0.30	0.30	0.30	0.30	0.30

2. 安装吊板拉线

工作内容: 挖拉线坑,埋设地锚,安装拉线,收紧拉线,做中把和上把,清理现场等。　　　　计量单位:处

编　号			11-3-50	11-3-51	11-3-52	11-3-53	11-3-54	11-3-55	11-3-56	11-3-57	11-3-58
项　目			装设 7/2.2 吊板拉线			装设 7/2.6 吊板拉线			装设 7/3.0 吊板拉线		
			综合土	软石	坚石	综合土	软石	坚石	综合土	软石	坚石
名　称		单位	消　耗　量								
人工	合计工日	工日	1.540	2.740	2.180	1.700	3.120	2.260	1.880	3.300	2.450
	其中 一般技工	工日	0.940	1.110	2.110	1.000	1.190	2.180	1.180	1.370	2.350
	普工	工日	0.600	1.630	0.070	0.700	1.930	0.080	0.700	1.930	0.100
材料	镀锌钢绞线	kg	2.270	2.270	2.270	3.180	3.180	3.180	4.230	4.230	4.230
	镀锌铁丝 ϕ1.5	kg	0.020	0.020	0.020	0.040	0.040	0.040	0.040	0.040	0.040
	镀锌铁丝 ϕ3.0	kg	0.220	0.220	0.220	0.350	0.350	0.350	0.420	0.420	0.420
	镀锌铁丝 ϕ4.0	kg	0.220	0.220	0.220	0.220	0.220	0.220	0.220	0.220	0.220
	地锚铁柄	套	1.010	1.010	—	1.010	1.010	—	1.010	1.010	—
	水泥拉线盘	套	1.010	1.010	—	1.010	1.010	—	1.010	1.010	—
	岩石钢地锚	套	—	—	1.010	—	—	1.010	—	—	1.010
	三眼双槽夹板	副	2.020	2.020	2.020	2.020	2.020	2.020	4.040	4.040	4.040
	拉线衬环	个	2.020	2.020	2.020	2.020	2.020	2.020	2.020	2.020	2.020
	拉线抱箍	套	1.010	1.010	1.010	1.010	1.010	1.010	1.010	1.010	1.010
	双吊线抱箍	套	1.010	1.010	1.010	1.010	1.010	1.010	1.010	1.010	1.010
	穿钉	副	3.030	3.030	3.030	3.030	3.030	3.030	3.030	3.030	3.030
	八线钢线担	根	2.020	2.020	2.020	2.020	2.020	2.020	2.020	2.020	2.020
	其他材料费	%	0.30	0.30	0.30	0.30	0.30	0.30	0.30	0.30	0.30

3. 制作横木拉线地锚及其他

工作内容: 1. 制作横木拉线地锚:绑扎,制作,清理现场等。

2. 安装拉线隔电子、拉线警示保护管:安装,绑扎,清理现场等。　　　　　　计量单位:个

编 号			11-3-59	11-3-60	11-3-61	11-3-62	11-3-63	11-3-64	11-3-65
项 目			制作横木拉线地锚						
			7/2.6 单条单下	7/3.0 单条单下	7/2.2 单条双下	7/2.6 单条双下	7/3.0 单条双下	7/3.0 双条四下	7/3.0 三条六下
名 称		单位	消 耗 量						
人工	合计工日	工日	0.600	0.620	0.500	0.520	0.540	0.650	0.770
	其中 一般技工	工日	0.400	0.420	0.300	0.320	0.340	0.410	0.490
	普工	工日	0.200	0.200	0.200	0.200	0.200	0.240	0.280
材料	镀锌钢绞线	kg	1.270	1.690	1.820	2.540	3.380	4.000	5.010
	横木	根	1.010	1.010	1.010	1.010	1.010	2.020	3.030
	条形护杆板	块	2.020	2.020	2.020	2.020	2.020	4.040	6.060
	镀锌铁丝 $\phi3.0$	kg	0.350	0.400	0.110	0.140	0.160	—	—
	镀锌铁丝 $\phi4.0$	kg	0.450	0.500	0.530	0.580	0.630	1.860	2.560
	拉线衬环	个	1.010	1.010	1.010	1.010	1.010	1.010	1.010
	其他材料费	%	0.30	0.30	0.30	0.30	0.30	0.30	0.30

计量单位:处

编 号			11-3-66	11-3-67
项 目			安装拉线隔电子	安装拉线警示保护管
名 称		单位	消 耗 量	
人工	合计工日	工日	0.340	0.400
	其中 一般技工	工日	0.240	0.200
	普工	工日	0.100	0.200
材料	镀锌铁丝 $\phi3.0$	kg	0.600	—
	拉线警示管	套	—	1.010
	绝缘子	个	1.010	—
	其他材料费	%	0.30	0.30

4. 安装附属装置

工作内容： 1. 电杆接高装置：安装等。

2. 电杆地线：挖沟，安装，引接地线，回土夯实等。

3. 安装预留缆架：安装等。

4. 安装吊线保护装置：安装保护装置，绑扎等。

编　号			11-3-68	11-3-69	11-3-70	11-3-71	11-3-72	11-3-73	11-3-74
项　目			电杆接高装置		电杆地线			安装预留缆架	安装吊线保护装置
			单槽钢	双槽钢	拉线式	直埋式	延伸式		
			处		条			架	m
名　称		单位	消　耗　量						
人工	合计工日	工日	0.480	0.800	0.070	0.360	0.560	0.200	0.100
	其中 一般技工	工日	0.240	0.400	0.070	0.180	0.180	0.100	0.050
	普工	工日	0.240	0.400	—	0.180	0.380	0.100	0.050
材料	镀锌铁丝 ϕ4.0	kg	—	—	0.200	1.500	2.000	—	—
	保安地气棒	根	—	—	—	1.010	—	—	—
	接高装置	套	1.010	1.010	—	—	—	—	—
	地线夹板	块	—	—	—	1.010	—	—	—
	预留缆架	套	—	—	—	—	—	1.010	—
	保护管	m	—	—	—	—	—	—	1.010
	警示装置	套	—	—	—	—	—	—	1.010
	其他材料费	%	0.30	0.30	0.30	0.30	0.30	0.30	0.30

三、架 设 吊 线

工作内容: 1. 架设吊线:安装并紧固支持物(或固定物),布放吊线,紧线,
做终结(丁字结、假终结、十字结)等。

2. 架设辅助吊线:预做吊挂物,紧线,调整吊挂及紧固,做终结等。　　　计量单位:1 000m 条

编　号			11-3-75	11-3-76	11-3-77	11-3-78	11-3-79	11-3-80	11-3-81	11-3-82	11-3-83
项　目			水泥杆架设 7/2.2 吊线			水泥杆架设 7/2.6 吊线			水泥杆架设 7/3.0 吊线		
			另缠法终结	夹板法终结	卡固法终结	另缠法终结	夹板法终结	卡固法终结	另缠法终结	夹板法终结	卡固法终结
名　称		单位	消　耗　量								
人工	合计工日	工日	6.250	6.250	6.250	6.610	6.610	6.610	6.670	6.670	6.670
	其中 一般技工	工日	3.000	3.000	3.000	3.180	3.180	3.180	3.240	3.240	3.240
	普工	工日	3.250	3.250	3.250	3.430	3.430	3.430	3.430	3.430	3.430
材料	镀锌钢绞线	kg	221.270	221.270	221.270	322.270	322.270	322.270	430.360	430.360	430.360
	吊线担	根	25.250	25.250	25.250	25.250	25.250	25.250	25.250	25.250	25.250
	吊线箍	套	25.250	25.250	25.250	25.250	25.250	25.250	25.250	25.250	25.250
	吊线压板(带穿钉)	副	25.250	25.250	25.250	25.250	25.250	25.250	25.250	25.250	25.250
	镀锌穿钉 50	副	28.280	28.280	28.280	28.280	28.280	28.280	28.280	28.280	28.280
	镀锌穿钉 100	副	1.010	1.010	1.010	1.010	1.010	1.010	1.010	1.010	1.010
	三眼单槽夹板	副	28.280	28.280	28.280	28.280	28.280	28.280	28.280	28.280	28.280
	镀锌铁丝 $\phi1.5$	kg	0.100	0.100	0.100	0.100	0.100	0.100	0.100	0.100	0.100
	镀锌铁丝 $\phi3.0$	kg	1.010	1.010	1.010	1.520	1.520	1.520	2.020	2.020	2.020
	镀锌铁丝 $\phi4.0$	kg	2.020	2.020	2.020	2.020	2.020	2.020	2.020	2.020	2.020
	拉线抱箍	套	4.040	4.040	4.040	4.040	4.040	4.040	—	—	—
	拉线衬环	个	8.080	8.080	8.080	8.080	8.080	8.080	0.100	0.100	0.100
	三眼双槽夹板	副	—	11.110	—	—	14.140	—	—	14.140	—
	U形卡子	个	—	—	2.020	—	—	2.020	—	—	2.020
	其他材料费	%	0.30	0.30	0.30	0.30	0.30	0.30	0.30	0.30	0.30

计量单位:条档

编　　号			11-3-84	11-3-85	11-3-86
项　　目			架设 100m 以内辅助吊线		
			另缠法终结	夹板法终结	卡固法终结
名　　称		单位	消　耗　量		
人工	合计工日	工日	2.000	2.000	2.000
	其中 一般技工	工日	1.000	1.000	1.000
	普工	工日	1.000	1.000	1.000
材料	吊线箍	套	2.020	2.020	2.020
	镀锌穿钉 50	副	4.040	4.040	4.040
	三眼单槽夹板	副	4.040	4.040	4.040
	镀锌铁丝 ϕ1.5	kg	0.030	0.030	0.030
	镀锌铁丝 ϕ3.0	kg	0.600	0.600	0.600
	拉线衬环	个	2.020	2.020	2.020
	三眼双槽夹板	副	—	6.060	—
	U形卡子	个	—	—	6.060
	茶托拉板	块	4.040	4.040	4.040
	其他材料费	%	0.30	0.30	0.30

第四章　敷设光（电）缆

说　　明

一、本章适用于通信线路工程中的线缆敷设，不包括通信设备安装工程中设备架间的线缆布放。

二、本章中相关自承式光缆的布放，无特殊施工工艺。

三、顶棚内敷设线路时，工日乘以系数 1.10。

四、线缆与配线设备的终接内容未在本章列出，此部分见其他相关章节。

工程量计算规则

敷设光(电)缆工程量计算时,应考虑敷设的长度和设计中规定的各种预留长度,各种预留长度详见相关标准规范要求。

一、架空光（电）缆

1.架 设 光 缆

（1）架设自承式架空光缆

工作内容: 施工准备,装吊线支持物,布放紧固光缆,盘余长,做各种吊线结,安装标志牌等。

计量单位:1 000m 条

编　　　号		单位	11-4-1	11-4-2	11-4-3
项　　　目			架设自承式架空光缆（芯以下）		
			36	72	144
名　　　称		单位	消　耗　量		
人工	合计工日	工日	16.790	19.030	21.260
	其中 一般技工	工日	6.480	7.350	8.210
	普工	工日	10.310	11.680	13.050
材料	架空光缆	m	（1 007.000）	（1 007.000）	（1 007.000）
	镀锌铁丝 ϕ1.5	kg	0.610	1.020	1.020
	镀锌钢绞线 7/2.2	kg	2.500	2.500	2.500
	三眼单槽夹板	副	2.020	2.020	2.020
	三眼双槽夹板	副	1.010	1.010	1.010
	拉线衬环	个	9.090	9.090	9.090
	吊线抱箍	套	25.250	25.250	25.250
	拉线抱箍	套	4.040	4.040	4.040
	U形卡子	个	27.270	27.270	27.270
	镀锌穿钉 50	副	25.250	25.250	25.250
	钢线终端膨胀锁	只	9.090	9.090	9.090
	钢线双向膨胀锁	只	2.020	2.020	2.020
	单眼曲槽夹板	副	29.290	29.290	29.290
	三眼双曲槽夹板	副	2.020	2.020	2.020
	转弯夹板	副	2.020	2.020	2.020
	小拉板	块	3.030	3.030	3.030
	镀锌穿钉 M12×80	副	1.010	1.010	1.010
	镀锌穿钉 M12×300	副	25.250	25.250	25.250
	终端可变抱箍	套	6.060	6.060	6.060
	L形托钩	只	25.250	25.250	25.250
	直可变抱箍	套	25.250	25.250	25.250
	条形护杆板	块	12.120	12.120	12.120
	瓦形护杆板	块	12.120	12.120	12.120
	光缆标志牌	个	50.500	50.500	50.500
	其他材料费	%	0.30	0.30	0.30

（2）挂钩法架设架空光缆

工作内容：施工准备，架设光缆，卡挂挂钩，盘余长，安装标志牌等。   计量单位：1 000m 条

编　　号			11-4-4	11-4-5	11-4-6	11-4-7
项　　目			挂钩法架设架空光缆（芯以下）			
			36	72	144	288
名　　称		单位	消　耗　量			
人工	合计工日	工日	11.440	13.330	14.770	16.830
	其中　一般技工	工日	6.310	7.520	8.250	8.710
	普工	工日	5.130	5.810	6.520	8.120
材料	架空光缆	m	（1 007.000）	（1 007.000）	（1 007.000）	（1 007.000）
	电缆挂钩	只	2 060.000	2 060.000	2 060.000	2 060.000
	塑料软管	m	25.250	25.250	25.250	25.250
	镀锌铁丝 $\phi1.5$	kg	0.610	1.020	1.020	1.020
	光缆标志牌	个	50.500	50.500	50.500	50.500
	其他材料费	%	0.30	0.30	0.30	0.30

（3）架设蝶形光缆

工作内容：1. 施工准备，装吊线支持物，布放坚固光缆，盘余长，做各种
　　　　　吊线结，安装标志牌等。
　　　　2. 施工准备，架设光缆，卡挂挂钩，盘余长，安装标志牌等。   计量单位：100m 条

编　　号			11-4-8	11-4-9
项　　目			架设自承式蝶形光缆	挂钩法架设蝶形光缆
名　　称		单位	消　耗　量	
人工	合计工日	工日	1.650	1.460
	其中　一般技工	工日	0.750	0.850
	普工	工日	0.900	0.610
材料	蝶形光缆	m	（103.000）	（103.000）
	紧箍钢带	m	1.830	—
	紧箍拉钩	个	4.040	—
	C 形拉钩	个	4.040	—
	夹板拉钩	个	4.040	—
	S 固定件	个	4.040	—
	电缆挂钩	只	—	206.000
	其他材料费	%	0.30	0.30

2. 架 设 电 缆

工作内容：1. 架设吊线式架空电缆：施工准备，架设电缆，卡挂挂钩，断头处理，充气试验等。

2. 架设自承式架空电缆：施工准备，安装吊线支承物，布放紧固电缆，做各种吊线结等。

计量单位：1 000m 条

编　号			11-4-10	11-4-11	11-4-12	11-4-13	11-4-14
项　目			吊线式架空电缆（对以下）			架空自承式电缆（对）	
			100	200	400	100 以下	100 以上
名　称		单位	消　耗　量				
人工	合计工日	工日	19.680	25.730	29.530	29.770	35.680
	其中 一般技工	工日	9.050	11.840	13.580	14.590	17.480
	普工	工日	10.630	13.890	15.950	15.180	18.200
材料	自承式电缆	m	—	—	—	（1 007.000）	（1 007.000）
	塑料电缆	m	（1 007.000）	（1 007.000）	（1 007.000）	—	—
	电缆挂钩	只	2 060.000	2 060.000	2 060.000	—	—
	镀锌铁丝 φ1.5	kg	0.610	1.020	1.830	0.710	0.710
	镀锌铁丝 φ2.0	kg	—	—	—	1.020	1.020
	镀锌钢绞线 7/2.2	kg	—	—	—	2.500	2.500
	拉线抱箍	套	—	—	—	4.040	4.040
	拉线衬环	个	—	—	—	9.090	9.090
	U 形卡子	个	—	—	—	27.270	27.270
	三眼单槽夹板	副	—	—	—	2.020	2.020
	吊线担	根	—	—	—	28.280	28.280
	吊线抱箍	套	—	—	—	28.280	28.280
	多用二线钢担	根	—	—	—	28.280	28.280
	钢担 U 形抱箍（二线担用）	套	—	—	—	28.280	28.280
	钢线终端膨胀锁	只	—	—	—	9.090	9.090
	钢线双向膨胀锁	只	—	—	—	2.020	2.020
	单眼曲槽夹板	副	—	—	—	29.290	29.290
	转弯夹板	副	—	—	—	2.020	2.020
	小拉板	块	—	—	—	3.030	3.030
	镀锌穿钉 M12×80	副	—	—	—	1.010	1.010
	终端可变抱箍	套	—	—	—	6.060	6.060
	L 形挂钩	只	—	—	—	25.250	25.250
	圆帽穿钉 M12×60	副	—	—	—	25.250	25.250
	圆帽穿钉 M12×80	副	—	—	—	25.250	25.250
	其他材料费	%	0.30	0.30	0.30	0.30	0.30

二、埋 式 光 缆

工作内容：施工准备，清理沟底，人工抬放光缆等。　　　　　　　　　　　　　　计量单位：1 000m 条

编　号			11-4-15	11-4-16	11-4-17	11-4-18	11-4-19	11-4-20
项　目			敷设埋式光缆（芯）					
			36 以下	72 以下	96 以下	144 以下	288 以下	288 以上
名　称		单位	消　耗　量					
人工	合计工日	工日	32.760	37.460	41.360	45.250	49.150	55.000
	其中 一般技工	工日	5.880	8.200	10.420	12.630	14.850	18.180
	普工	工日	26.880	29.260	30.940	32.620	34.300	36.820
材料	光缆	m	(1 005.000)	(1 005.000)	(1 005.000)	(1 005.000)	(1 005.000)	(1 005.000)

三、管道光（电）缆

1. 敷设管道光缆

（1）人工敷设塑料子管

工作内容：施工准备，穿放引线，布放电缆，断头处理，安装托板，充气试验等。　　　　　　计量单位：1 000m 条

编　号			11-4-21	11-4-22	11-4-23	11-4-24	11-4-25
项　目			人工敷设塑料子管				
			1 孔子管	2 孔子管	3 孔子管	4 孔子管	5 孔子管
名　称		单位	消　耗　量				
人工	合计工日	工日	9.570	13.330	16.710	20.090	23.470
	其中 一般技工	工日	4.000	5.200	6.170	7.130	8.100
	普工	工日	5.570	8.130	10.540	12.960	15.370
材料	镀锌铁丝 ϕ1.5	kg	3.050	3.050	3.050	3.050	3.050
	聚乙烯塑料管	m	(1 020.000)	(2 040.000)	(3 060.000)	(4 080.000)	(5 100.000)
	固定堵头	个	24.300	24.300	24.300	24.300	24.300
	塞子	个	24.500	49.000	73.500	98.000	122.500
	其他材料费	%	0.30	0.30	0.30	0.30	0.30

（2）人工敷设管道光缆

工作内容：施工准备，穿放引线，敷设光缆，安装托板，人孔中光缆包保护
管，做标记等。

计量单位：1 000m 条

编　号			11-4-26	11-4-27	11-4-28	11-4-29	11-4-30	11-4-31	11-4-32	11-4-33
项　目			人工敷设管道光缆（芯）							
			12 以下	24 以下	48 以下	96 以下	144 以下	288 以下	576 以下	576 以上
名　称		单位	消　耗　量							
人工	合计工日	工日	16.440	19.910	23.370	26.640	30.270	33.300	43.230	55.760
	其中 一般技工	工日	5.500	6.830	8.020	9.020	10.400	11.440	14.820	19.330
	普工	工日	10.940	13.080	15.350	17.620	19.870	21.860	28.410	36.430
材料	聚乙烯波纹管	m	26.700	26.700	26.700	26.700	26.700	26.700	26.700	26.700
	胶带（PVC）	盘	52.000	52.000	52.000	52.000	52.000	52.000	52.000	52.000
	镀锌铁丝 $\phi1.5$	kg	3.050	3.050	3.050	3.050	3.050	3.050	3.050	3.050
	光缆	m	（1 015.000）	（1 015.000）	（1 015.000）	（1 015.000）	（1 015.000）	（1 015.000）	（1 015.000）	（1 015.000）
	光缆托板	块	48.500	48.500	48.500	48.500	48.500	48.500	48.500	48.500
	托板垫	块	48.500	48.500	48.500	48.500	48.500	48.500	48.500	48.500
	余缆架	套	2.020	2.020	2.020	2.020	2.020	2.020	2.020	2.020
	标志牌	个	12.120	12.120	12.120	12.120	12.120	12.120	12.120	12.120
	其他材料费	%	0.30	0.30	0.30	0.30	0.30	0.30	0.30	0.30

（3）气流法穿放管道（硅芯管）光缆

工作内容：施工准备，气流机穿放光缆，封光缆端头，堵管孔头等。

计量单位：1 000m 条

编　号			11-4-34	11-4-35	11-4-36	11-4-37	11-4-38
项　目			气流法穿放管道（硅芯管）光缆（芯）				
			36 以下	72 以下	144 以下	288 以下	288 以上
名　称		单位	消　耗　量				
人工	合计工日	工日	7.630	8.560	9.470	10.390	11.300
	其中 一般技工	工日	6.160	6.910	7.650	8.390	9.130
	普工	工日	1.470	1.650	1.820	2.000	2.170
材料	光缆	m	（1 010.000）	（1 010.000）	（1 010.000）	（1 010.000）	（1 010.000）
	护缆塞	个	2.020	2.020	2.020	2.020	2.020
	润滑剂	kg	0.500	0.500	0.500	0.500	0.500
	其他材料费	%	0.30	0.30	0.30	0.30	0.30
机械	气流敷设设备（含空压机）	台班	0.230	0.270	0.300	0.330	0.370
	载货汽车－普通货车 5t	台班	0.230	0.270	0.300	0.330	0.370
	汽车式起重机 8t	台班	0.230	0.270	0.300	0.330	0.370

2. 敷设管道电缆

（1）人工敷设管道电缆

工作内容： 施工准备，穿放引线，布放电缆，断头处理，安装托板，充气试
验等。

计量单位：1 000m·条

编 号			11-4-39	11-4-40	11-4-41	11-4-42	11-4-43
项 目			人工敷设管道电缆（对以下）				
			200	400	800	1 200	1 800
名 称		单位	消 耗 量				
人工	合计工日	工日	31.790	37.680	48.050	58.460	66.150
	其中 一般技工	工日	11.760	13.940	17.790	21.630	24.480
	普工	工日	20.030	23.740	30.260	36.830	41.670
材料	电缆	m	（1 015.000）	（1 015.000）	（1 015.000）	（1 015.000）	（1 015.000）
	电缆托板	块	35.350	35.350	35.350	35.350	35.350
	托板塑料垫	块	35.350	35.350	35.350	35.350	35.350
	镀锌铁丝 $\phi1.5$	kg	3.050	3.050	3.050	3.050	3.050
	热缩端帽带气门	个	5.050	5.050	8.080	8.080	11.110
	热缩端帽不带气门	个	5.050	5.050	8.080	8.080	11.110
	标志牌	个	12.120	12.120	12.120	12.120	12.120
	其他材料费	%	0.30	0.30	0.30	0.30	0.30

（2）机械敷设管道电缆

计量单位：1 000m 条

编　号			11-4-44	11-4-45	11-4-46	11-4-47	11-4-48
项　目			机械敷设管道电缆（对以下）				
			200	400	800	1 200	1 800
名　称		单位	消　耗　量				
人工	合计工日	工日	24.870	28.400	36.040	43.470	51.520
	其中　一般技工	工日	9.200	10.510	13.330	16.080	19.060
	普工	工日	15.670	17.890	22.710	27.390	32.460
材料	电缆	m	（1 015.000）	（1 015.000）	（1 015.000）	（1 015.000）	（1 015.000）
	电缆托板	块	35.350	35.350	35.350	35.350	35.350
	托板塑料垫	块	35.350	35.350	35.350	35.350	35.350
	镀锌铁丝 ϕ1.5	kg	3.050	3.050	3.050	3.050	3.050
	热缩端帽带气门	个	5.050	5.050	8.080	8.080	11.110
	热缩端帽不带气门	个	5.050	5.050	8.080	8.080	11.110
	标志牌	个	12.120	12.120	12.120	12.120	12.120
	其他材料费	%	0.30	0.30	0.30	0.30	0.30
机械	载货汽车 - 普通货车 5t	台班	0.400	0.550	0.750	0.900	1.100
	电缆拖车	台班	0.400	0.550	0.750	0.900	1.100

四、引上光（电）缆

工作内容： 1. 安装引上钢管：定位，装管，加固等。
2. 穿放引上光缆：穿保护管，穿放光缆，管口加保护垫，绑扎固定等。
3. 穿放引上电缆：穿放引线，穿放电缆，固定电缆，包封缆头，充气试验，
引上管口保护等。

计量单位：条

编　号			11-4-49	11-4-50	11-4-51	11-4-52	11-4-53
项　目			安装引上钢管		穿放引上光缆	穿放引上电缆（对）	
			杆上	墙上		200以下	200以上
名　称		单位	消　耗　量				
人工	合计工日	工日	0.400	0.500	1.040	0.840	0.920
	其中 一般技工	工日	0.200	0.250	0.520	0.420	0.460
	普工	工日	0.200	0.250	0.520	0.420	0.460
材料	光缆	m	—	—	（6.060）	—	—
	电缆	m	—	—	—	（6.060）	（6.060）
	镀锌铁丝 ϕ1.5	kg	—	—	0.100	0.100	0.100
	电缆卡子	个	—	—	—	2.020	2.020
	热缩端帽带气门	个	—	—	—	1.010	1.010
	热缩端帽不带气门	个	—	—	—	1.010	1.010
	聚乙烯塑料管	m	—	—	（6.060）	—	—
	管材（直）	根	1.010	1.010	—	—	—
	管材（弯）	根	1.010	1.010	—	—	—
	镀锌铁丝 ϕ4.0	kg	1.200	—	—	—	—
	钢管卡子	副	—	2.020	—	—	—
	其他材料费	%	0.30	0.30	0.30	0.30	0.30

五、墙壁光（电）缆

1. 墙壁光缆

工作内容： 1. 架设吊线式墙壁光缆（含吊线架设）：定位，安装固定支撑物，
布放吊线，收紧做终端，布放，卡挂，端头处理等。
2. 布放钉固式墙壁光缆：定位，装固定物，布放光缆，端头处理等。
3. 架挂自承式墙壁光缆：定位，装支撑物及配件，布放紧固光缆，
做吊线结等。

计量单位：100m 条

	编　　号		11-4-54	11-4-55	11-4-56
	项　　目		架设吊线式墙壁光缆	布放钉固式墙壁光缆	架挂自承式墙壁光缆
	名　　称	单位	消　耗　量		
人工	合计工日	工日	5.500	3.520	5.060
	其中 一般技工	工日	2.750	1.760	2.530
	普工	工日	2.750	1.760	2.530
材料	光缆	m	（100.700）	（100.700）	（101.000）
	挂钩	只	206.000	—	—
	镀锌钢绞线 7/2.2	kg	23.000	—	—
	U形钢卡 $\phi6.0$	副	14.000	—	—
	U形钢卡 $\phi8.0$	副	36.000	—	—
	拉线衬环（小号）	个	4.040	—	—
	终端转角墙担	根	4.040	—	—
	中间支撑物	套	8.080	—	10.100
	电缆卡子（含钉）	套	—	206.000	—
	镀锌铁丝 $\phi1.5$	kg	0.100	—	0.100
	镀锌铁丝 $\phi3.0$	kg	—	—	0.140
	钢线终端膨胀锁	只	—	—	4.040
	单眼曲槽夹板	副	—	—	10.100
	圆帽穿钉 M12×80	副	—	—	10.100
	三眼单槽夹板	副	—	—	1.010
	小拉板	块	—	—	1.010
	U形卡子	个	—	—	18.180
	小拉环	个	—	—	6.060
	其他材料费	%	0.30	0.30	0.30

2. 墙壁电缆

工作内容: 1. 架设吊线式墙壁电缆(含吊线架设):定位,安装固定支撑物,
布放吊线,收紧做终端,检验测试电缆,布放,卡挂,端头处理,
充气试验等。

2. 布放钉固式墙壁电缆:定位,装固定物,检验,布放电缆,端头处
理,充气试验等。

3. 架挂自承式墙壁电缆:定位,装支撑物及配件,检验电缆,布放
紧固电缆,做吊线结等。

计量单位:100m 条

编　号			11-4-57	11-4-58	11-4-59	11-4-60	11-4-61	11-4-62
项　目			架设吊线式墙壁电缆(对)		布放钉固式墙壁电缆(对)		架挂自承式墙壁电缆(对)	
			200 以下	200 以上	200 以下	200 以上	100 以下	100 以上
名　称		单位	消　耗　量					
人工	合计工日	工日	10.460	10.960	6.680	7.180	9.620	10.120
	其中 一般技工	工日	5.230	5.480	3.340	3.590	4.810	5.060
	普工	工日	5.230	5.480	3.340	3.590	4.810	5.060
材料	电缆	m	(100.700)	(100.700)	(100.700)	(100.700)	(101.000)	(101.000)
	电缆挂钩	只	206.000	206.000	—	—	—	—
	镀锌钢绞线 7/2.2	kg	23.000	23.000	—	—	—	—
	U形钢卡 ϕ6.0	副	14.000	14.000	—	—	—	—
	U形钢卡 ϕ8.0	副	36.000	36.000	—	—	—	—
	拉线衬环(小号)	个	4.040	4.040	—	—	—	—
	终端转角墙担	根	4.040	4.040	—	—	—	—
	中间支撑物	套	8.080	8.080	—	—	10.100	10.100
	电缆卡子(含钉)	套	—	—	206.000	206.000	—	—
	镀锌铁丝 ϕ1.5	kg	0.100	0.100	—	—	0.100	0.100
	镀锌铁丝 ϕ3.0	kg	—	—	—	—	0.140	0.140
	钢线终端膨胀锁	只	—	—	—	—	4.040	4.040
	单眼曲槽夹板	副	—	—	—	—	10.100	10.100
	圆帽穿钉 M12×80	副	—	—	—	—	10.100	10.100
	三眼单槽夹板	副	—	—	—	—	1.010	1.010
	小拉板	块	—	—	—	—	1.010	1.010
	U形卡子	个	—	—	—	—	18.180	18.180
	小拉环	个	—	—	—	—	6.060	6.060
	其他材料费	%	0.30	0.30	0.30	0.30	0.30	0.30

六、建筑物内光（电）缆

1. 建筑物内光缆

（1）管、暗槽内穿放光缆

工作内容：搬运光缆,清理管（暗槽）,制作穿线端头（钩）,穿放引线,穿放
光缆,出口衬垫,做标记,封堵出口等。　　　　　　　　　　　　计量单位：100m 条

编　号			11-4-63	11-4-64	11-4-65
项　目			人工穿放管、暗槽内用户光缆（芯）		
			2 以下	12 以下	12 以上
名　称		单位	消　耗　量		
人工	合计工日	工日	0.800	0.880	0.980
	其中 一般技工	工日	0.400	0.440	0.490
	普工	工日	0.400	0.440	0.490
材料	光缆	m	（102.000）	（102.000）	（102.000）

（2）桥架布放光缆

工作内容：搬运光缆,清理槽盒,布放,绑扎光缆,加垫套,做标记等。　　　计量单位：100m 条

编　号			11-4-66	11-4-67	11-4-68	11-4-69	11-4-70
项　目			建筑物内桥架布放用户光缆（芯以下）				
			2	24	48	96	144
名　称		单位	消　耗　量				
人工	合计工日	工日	0.560	0.620	0.680	0.740	0.800
	其中 一般技工	工日	0.280	0.310	0.340	0.370	0.400
	普工	工日	0.280	0.310	0.340	0.370	0.400
材料	光缆	m	（102.000）	（102.000）	（102.000）	（102.000）	（102.000）

2. 建筑物内电缆

（1）管、槽盒内穿放电缆

工作内容： 清理管（暗槽），制作穿线端头（钩），穿放引线，穿放电缆，做标记，封堵出口等。

计量单位：100m 条

编　号			11-4-71	11-4-72	11-4-73	11-4-74	11-4-75	11-4-76	11-4-77
项　目			穿放4对对绞电缆		穿放大对数对绞电缆				穿放75Ω射频同轴电缆
			非屏蔽	屏蔽	非屏蔽50对以下	非屏蔽100对以下	屏蔽50对以下	屏蔽100对以下	
名　称		单位	消　耗　量						
人工	合计工日	工日	0.860	0.900	1.100	1.400	1.300	1.800	1.600
	其中　一般技工	工日	0.430	0.450	0.550	0.700	0.650	0.900	0.800
	普工	工日	0.430	0.450	0.550	0.700	0.650	0.900	0.800
材料	对绞电缆	m	(102.500)	(103.000)	(102.500)	(102.500)	(103.000)	(103.000)	—
	镀锌铁丝 φ1.5	kg	0.120	0.120	0.120	0.120	0.120	0.120	0.120
	镀锌铁丝 φ4.0	kg	—	—	1.800	1.800	1.800	1.800	1.800
	钢丝 φ1.5	kg	0.250	0.250	—	—	—	—	—
	射频电缆 SYV 75Ω	m	—	—	—	—	—	—	(102.000)
	其他材料费	%	0.30	0.30	0.30	0.30	0.30	0.30	0.30

（2）桥架布放电缆

工作内容： 检验，抽测电缆，布放、绑扎电缆，做标记，封堵出口等。

计量单位：100m 条

编　号			11-4-78	11-4-79	11-4-80	11-4-81	11-4-82	11-4-83	11-4-84
项　目			穿放4对对绞电缆		穿放大对数对绞电缆				穿放75Ω射频同轴电缆
			非屏蔽	屏蔽	非屏蔽50对以下	非屏蔽100对以下	屏蔽50对以下	屏蔽100对以下	
名　称		单位	消　耗　量						
人工	合计工日	工日	0.760	0.800	1.000	1.200	1.100	1.600	1.200
	其中　一般技工	工日	0.380	0.400	0.500	0.600	0.550	0.800	0.600
	普工	工日	0.380	0.400	0.500	0.600	0.550	0.800	0.600
材料	对绞电缆 4对	m	(102.500)	(103.000)	—	—	—	—	—
	对绞电缆 50对以下	m	—	—	(102.500)	—	(103.000)	—	—
	对绞电缆 100对以下	m	—	—	—	(102.500)	—	(103.000)	—
	射频电缆 SYV 75Ω	m	—	—	—	—	—	—	(102.000)

第五章　埋式光缆的保护与防护

说　明

一、本章顶管分"人工顶管"和"机械顶管"两种施工方式。

二、敷设排流线消耗量,不包括挖光缆沟的用工。

三、对地绝缘检查及处理的工程量,应按直埋光缆的路由长度计算。

一、埋式光缆保护

1. 顶管,铺管、砖、水泥槽及盖板

工作内容:1. 桥挂管、槽:打眼,固定穿钉,安装支架,钢管接续、铺管(槽道),堵管头等。
2. 顶钢管:挖工作坑,安装机具,接钢管,顶钢管,堵管孔等。
3. 铺管:接管,铺管,堵管孔等。
4. 铺砖:现场运输,铺砖等。
5. 铺水泥盖板:现场运输,铺水泥盖板等。
6. 铺水泥槽:现场运输,铺水泥槽,勾缝,盖盖板等。　　　　计量单位:m

编 号			11-5-1	11-5-2	11-5-3	11-5-4	11-5-5
项 目			桥挂钢管	桥挂塑料管	桥挂槽道	人工顶管	机械顶管
名 称		单位	消 耗 量				
人工	合计工日	工日	0.300	0.150	0.230	3.000	0.800
	其中 一般技工	工日	0.100	0.050	0.080	1.000	0.600
	普工	工日	0.200	0.100	0.150	2.000	0.200
材料	镀锌对缝钢管 ϕ50~100	m	(1.010)	—	—	—	—
	镀锌无缝钢管 ϕ50~100	m	—	—	—	(1.010)	(1.010)
	塑料管 ϕ50~100	m	—	(1.010)	—	—	—
	不锈钢走线槽道 300×100	m	—	—	1.010	—	—
	固定器材	套	1.010	1.010	1.010	—	—
	管箍	个	—	—	—	0.170	0.170
	其他材料费	%	0.30	0.30	0.30	0.30	0.30
机械	液压顶管机	台班	—	—	—	—	0.150

编　　号			11-5-6	11-5-7	11-5-8	11-5-9	11-5-10	11-5-11	11-5-12
项　　目			铺管保护			铺砖保护		铺水泥盖板	铺水泥槽
			钢管	塑料管	大长度半硬塑料管	横铺砖	竖铺砖	盖板	
			m		100m	km			m
名　　称		单位	消　耗　量						
人工	合计工日	工日	0.130	0.110	4.000	17.000	12.000	15.000	0.150
	其中 一般技工	工日	0.030	0.010	1.500	2.000	2.000	2.000	0.050
	普工	工日	0.100	0.100	2.500	15.000	10.000	13.000	0.100
材料	镀锌对缝钢管 ϕ50~100	m	（1.010）	—	—	—	—	—	—
	塑料管 ϕ80~100	m	—	（1.010）	—	—	—	—	—
	标准砖 240×115×53	块	—	—	—	8 160.000	4 080.000	—	—
	水泥盖板	块	—	—	—	—	—	2 040.000	—
	水泥槽（带盖板）	m	—	—	—	—	—	—	1.020
	半硬塑料管 ϕ40~50	m	—	—	（101.000）	—	—	—	—
	套管	个	0.170	—	—	—	—	—	—
	其他材料费	%	0.30	—	—	0.30	0.30	0.30	0.30

2. 砌坡、砌坎、堵塞、封石沟及安装宣传警示牌

工作内容：1. 石砌坡（坎）、堵塞，封石沟，做漫水坝、挡水墙：挖土石方，砌石墙，勾缝等。

　　　　　2. 三七土护坎：现场运料，挖土，搅拌三七土，铺填三七土，分层夯实等。

　　　　　3. 埋设标石：埋设标石，刷色，编号等。

　　　　　4. 安装宣传警示牌：现场搬运，挖坑，安装，回土夯实等。

编　号			11-5-13	11-5-14	11-5-15	11-5-16	11-5-17	11-5-18
项　目			石砌坡、坎、堵塞	三七土护坎	封石沟	做漫水坝、挡水墙	埋设标石	安装宣传警示牌
			m³				块	
名　称		单位	消　耗　量					
人工	合计工日	工日	3.580	0.700	3.000	7.160	0.210	0.600
	其中 一般技工	工日	1.000	0.200	0.900	2.000	0.070	0.100
	其中 普工	工日	2.580	0.500	2.100	5.160	0.140	0.500
材料	水泥 P·O 42.5	kg	183.000	—	202.000	183.000	—	—
	砂子（中粗砂）	kg	607.000	—	836.000	607.000	—	—
	毛石	m³	1.000	—	—	1.000	—	—
	石灰	t	—	0.270	—	—	—	—
	碎石 5~32	kg	—	—	1 331.000	—	—	—
	宣传警示牌	套	—	—	—	—	—	1.010
	监测标石	块	—	—	—	—	1.020	—
	油漆	kg	—	—	—	—	0.100	—
	其他材料费	%	0.30	0.30	0.30	0.30	0.30	0.30

二、埋式光缆防护

防雷、防蚀

工作内容：1. 安装对地绝缘监测标石：挖坑，焊接监测线等。

2. 安装对地绝缘装置：检验器材，安装固定连线等。

3. 对地绝缘检查及处理：单盘检验及接续，回填后的对地绝缘检查、处理等。

4. 敷设排流线：拉直，接续，布放排流线等。

5. 安装消弧线：挖沟，拉直，接续，布放消弧线，做地线，回填土测试等。

6. 安装避雷针：挖沟，做地线，布线，回填土，安装测试避雷针等。

编　号			11-5-19	11-5-20	11-5-21
项　目			安装对地绝缘监测标石	安装对地绝缘装置	对地绝缘检查及处理
			块	点	km
名　称		单位	消　耗　量		
人工	合计工日	工日	0.780	1.000	0.500
	其中 一般技工	工日	0.260	0.700	0.500
	普工	工日	0.520	0.300	—
材料	铜芯塑料绝缘绞型电线 RVS-2×32/0.15	m	5.080	—	—
	监测标石	块	1.010	—	—
	绝缘监测装置	套	—	1.010	—
	热缩套（包）管	套	—	—	2.020
	其他材料费	%	0.30	0.30	0.30
仪表	接地电阻测试仪	台班	—	—	0.350

编　　号			11-5-22	11-5-23	11-5-24	11-5-25
项　　目			安装防雷设施			
			敷设排流线（单条）	敷设排流线（双条）	安装消弧线	安装避雷针
			km		处	
名　　称		单位	消　耗　量			
人工	合计工日	工日	10.450	19.000	20.000	15.000
	其中　一般技工	工日	2.200	4.000	3.000	5.000
	普工	工日	8.250	15.000	17.000	10.000
材料	镀锌铁丝 ϕ2.0	kg	0.510	1.020	0.200	0.510
	镀锌铁丝 ϕ3.0	kg	—	—	—	0.510
	镀锌铁丝 ϕ4.0	kg	—	—	—	1.520
	镀锌铁丝 ϕ6.0	kg	225.330	450.660	—	—
	镀锌圆钢 ϕ16	kg	—	—	—	8.080
	角钢 50×5	kg	—	—	61.400	30.200
	扁钢 40×4	kg	—	—	68.680	34.340
	防腐松木电杆 5m×（8~10）cm	根	—	—	—	（1.010）
	防腐松木电杆 6m×（10~14）cm	根	—	—	—	（1.010）
	其他材料费	%	0.30	0.30	0.30	0.30

第六章　安装分光、分线、配线设备

说　明

一、本章内容包括用户网络设备（光交接箱、光分路设备及用户终端设备）的安装。

二、本章不包括以下工作内容，应执行其他章节有关项目或规定。

1. 光缆交接箱含室外落地式和壁挂式光缆交接箱。壁挂式交接箱的安装不包括引上管的安装，引上管执行本册第四章相关子目。

2. 配线箱、接线箱的安装均不包括基础及支撑物安装内容，基础及支撑物的安装另列子目，执行本册第三章立杆中的相应子目。

三、光分路器与光纤线路插接适用于光分路器的上、下行端口与已有活动链接器的光纤线路的插接。

四、本章中单面交接箱底座体积规格为：底座 0.24m³，垫层 0.08m³；双面交接箱底座体积规格为：底座 0.37m³，垫层 0.12m³。

五、本章中过线（路）盒，包括在线槽上和管路上安装两种类型；安装双口以上 8 位模块式信息插座的工日在双口的基础上乘以系数 1.60。

一、安装光（电）缆交接箱

1.安装光缆交接箱

工作内容: 1. 浇筑光缆交接箱基座:挖基座坑,布放引上塑料管,浇筑或砖砌基座,回填土,清理现场等。

2. 安装交接箱:开箱检验,清洁搬运,划线定位,固定箱体,安装箱体内配套环境系统,地线连接,安装附件,清理现场等。

3. 交接箱地线保护:挖沟,下料,焊接,防腐处理,端子接线,埋设,回土夯实,找平等。

4. 安装架空式光缆交接箱:安装站台及铁件,检验,吊装箱体,安装接头排,安装地线,编号等。

计量单位:座

编　号			11-6-1	11-6-2	11-6-3	11-6-4
项　目			混凝土浇筑光缆交接箱基座		砖砌光缆交接箱基座	
			单面	双面	单面	双面
名　称		单位	消　耗　量			
人工	合计工日	工日	2.980	4.240	2.580	3.570
	其中 一般技工	工日	0.780	1.170	0.550	0.790
	普工	工日	2.200	3.070	2.030	2.780
材料	塑料子管	m	90.900	90.900	90.900	90.900
	水泥 P·O 42.5	kg	140.660	212.970	70.860	108.780
	粗砂	t	0.260	0.390	0.200	0.300
	碎石 5~32	t	0.420	0.640	0.150	0.230
	标准砖 240×115×53	块	—	—	110.000	164.000
	圆钢 $\phi6$	kg	3.260	4.490	—	—
	板方材 Ⅲ等	m³	0.010	0.010	0.010	0.010
	其他材料费	%	0.30	0.30	0.30	0.30

计量单位:个

编　号			11-6-5	11-6-6	11-6-7	11-6-8	11-6-9
项　目			室外落地式光缆交接箱(芯)			壁挂式光缆交接箱(芯)	
			144 以下	288 以下	288 以上	144 以下	288 以下
名　称		单位	消　耗　量				
人工	合计工日	工日	1.340	1.560	1.880	2.140	2.680
	其中 一般技工	工日	0.670	0.780	0.940	1.070	1.340
	普工	工日	0.670	0.780	0.940	1.070	1.340
材料	交接箱(含接线排)	台	(1.000)	(1.000)	(1.000)	(1.000)	(1.000)
	附件	套	1.010	1.010	1.010	1.010	1.010
	其他材料费	%	0.30	0.30	0.30	0.30	0.30

编　号		11-6-10	11-6-11	11-6-12
项　目		安装架空式光缆交接箱（芯）		交接箱地线保护
		288 以下	288 以上	
		个		处
名　称	单位	消　耗　量		
人工 合计工日	工日	3.960	4.500	1.350
其中 一般技工	工日	1.980	2.250	0.550
其中 普工	工日	1.980	2.250	0.800
材料 交接箱（含接线排）	台	（1.000）	（1.000）	—
附件	套	1.010	1.010	—
站台（双面）及铁件	套	1.010	1.010	—
角钢 63×5	m	—	—	5.000
地线夹板	块	—	—	1.000
扁钢 40×4	kg	—	—	25.000
导线 6.0mm²	m	—	—	5.000
其他材料费	%	0.30	0.30	0.30

2. 安装电缆交接箱

工作内容: 1. 安装架空式交接箱:安装站台及铁件,检验,吊装箱体,安装接头排,
安装地线,编号等。

2. 安装落地(墙挂)式交接箱:检验安装固定箱体,安装接头排,密封
箱底,编号等。

3. 砌筑电缆交接箱基座:挖基座坑,布放引上塑料管,浇筑或砖砌基座,
回填土,清理现场等。

4. 交接箱改接跳线:核对,改连,试通,整理等。

计量单位:个

编　号			11-6-13	11-6-14	11-6-15	11-6-16
项　目			安装架空式交接箱(对)			
			600 以下	1 200 以下	2 400 以下	2 400 以上
名　称		单位	消　耗　量			
人工	合计工日	工日	8.180	10.700	14.360	16.180
	其中 一般技工	工日	4.090	5.350	7.180	8.090
	普工	工日	4.090	5.350	7.180	8.090
材料	交接箱(含接线排)	台	(1.000)	(1.000)	(1.000)	(1.000)
	站台(单面)及铁件	套	1.010	1.010	—	—
	站台(双面)及铁件	套	—	—	1.010	1.010
	地气棒	根	2.000	2.000	2.000	2.000
	软铜绞线 TJR 7/1.33	kg	0.200	0.200	0.200	0.200
	地线夹板	副	1.010	1.010	1.010	1.010
	镀锌铁丝 φ4.0	kg	—	1.000	1.000	1.000
	铜线鼻子	个	—	2.020	2.020	2.020
	镀锌钢管	kg	27.500	27.500	27.500	27.500
	其他材料费	%	0.30	0.30	0.30	0.30
机械	汽车式起重机 8t	台班	0.250	0.250	0.250	0.250
	载货汽车 - 普通货车 5t	台班	0.250	0.250	0.250	0.250

计量单位：个

编　号			11-6-17	11-6-18	11-6-19	11-6-20
项　目			安装落地式交接箱（对以下）			砌筑电缆交接箱基座
			1 200	2 400	3 600	
名　称		单位	消　耗　量			
人工	合计工日		工日	6.400	8.200	10.000	3.340
	其中	一般技工	工日	3.200	4.100	5.000	1.670
		普工	工日	3.200	4.100	5.000	1.670
材料	交接箱（含接线排）	台	（1.000）	（1.000）	（1.000）	—
	地气棒	根	2.020	2.020	2.020	—
	软铜绞线 TJR 7/1.33	kg	0.200	0.200	0.200	—
	地线夹板	副	1.010	1.010	1.010	—
	镀锌铁丝 ϕ4.0	kg	1.010	1.010	1.010	—
	铜线鼻子	个	2.020	2.020	2.020	—
	卵石	t	—	—	—	0.700
	粗砂	t	—	—	—	0.640
	水泥 P·O 42.5	kg	—	—	—	110.000
	标准砖 240×115×53	块	—	—	—	501.000
	水泥方砖	块	—	—	—	2.020
	电缆托架穿钉 M16	根	—	—	—	4.040
	其他材料费	%	0.30	0.30	0.30	0.30
机械	汽车式起重机 8t	台班	0.250	0.250	0.250	—
	载货汽车 - 普通货车 5t	台班	0.250	0.250	0.250	—

编　号	11-6-21	11-6-22	11-6-23	11-6-24
项　目	安装墙挂式交接箱（对以下）			交接箱改接跳线
	600	1 200	2 400	
	个			百条

名　称		单位	消　耗　量			
人工	合计工日	工日	5.800	7.700	9.520	6.000
	其中 一般技工	工日	2.900	3.850	4.760	6.000
	普工	工日	2.900	3.850	4.760	—
材料	交接箱（含接线排）	台	（1.000）	（1.000）	（1.000）	—
	地气棒	根	2.020	2.020	2.020	—
	软铜绞线 TJR 7/1.33	kg	0.200	0.200	0.200	—
	地线夹板	副	1.010	1.010	1.010	—
	镀锌铁丝 ϕ4.0	kg	1.010	1.010	1.010	—
	铜线鼻子	个	2.020	2.020	2.020	—
	镀锌钢管	kg	22.220	22.220	22.220	—
	壁挂式箱托架	套	1.010	1.010	1.010	—
	其他材料费	%	0.30	0.30	0.30	—
机械	汽车式起重机 8t	台班	0.250	0.250	0.250	—
	载货汽车－普通货车 5t	台班	0.250	0.250	0.250	—

二、安装配线箱

工作内容: 1. 安装配线箱、接线箱:开箱检验,划线定位,组装箱体及固定安装,安装光分路器,地线连接,清理现场等。

　　　　　2. 配线架跳线:连接跳纤,排线,绑扎,做标记等。

编　号		11-6-25	11-6-26	11-6-27	11-6-28	11-6-29	11-6-30
项　目		安装电缆配线箱、光分纤箱、光分路箱				安装接线箱	箱内配线架跳线
		架空式	壁挂式	落地式	墙壁嵌入式		
		台(部)				个	条
名　称	单位	消　耗　量					
人工 合计工日	工日	1.120	1.000	0.720	0.400	1.100	0.020
其中 一般技工	工日	0.560	0.500	0.540	0.270	0.550	0.020
普工	工日	0.560	0.500	0.180	0.130	0.550	—
材料 配线箱	个	(1.000)	(1.000)	(1.000)	(1.000)	—	—
接线箱	个	—	—	—	—	(1.000)	—
附件	套	1.010	1.010	1.010	1.010	1.010	—
其他材料费	%	0.30	0.30	0.30	0.30	0.30	—

三、安装光分路器

工作内容: 1. 安装光分路器:开箱检查,清洁搬运,安装固定光分路器等。

　　　　　2. 光分路器与光线路插接:固定光纤活动连接器,做标识。

　　　　　3. 光分路器本机测试:连接仪表,测试插入锁好,填写测试表格等。

编　号		11-6-31	11-6-32	11-6-33	11-6-34
项　目		安装光分路器(高度 m)		光分路器与光线路插接	光分路器本机测试
		1.5 以下	1.5 以上		
		台		端口	套
名　称	单位	消　耗　量			
人工 合计工日	工日	0.200	0.400	0.030	0.500
一般技工	工日	0.200	0.400	0.030	0.500
材料 光分路器	个	(1.000)	(1.000)	—	—
固定材料	套	—	1.010	—	—
其他材料费	%	—	0.30	—	—
仪表 光功率计	台班	—	—	—	0.400

四、安装缆线终端盒、过线盒

工作内容: 1. 安装过线(路)盒、终端盒:开孔,安装盒体,连接处密封,做标记等。
2. 安装 8 位模块式信息插座:固定对绞线,核对线序,卡线,做屏蔽,安装固定面板及插座,做标记等。
3. 安装光纤信息插座:编扎固定光纤,安装光纤连接器及面板,做标记等。

计量单位:10 个

编　号		11-6-35	11-6-36	11-6-37	11-6-38
项　目		安装过线(路)盒(半周长 mm)		终端盒(接线盒)	
		200 以下	200 以上	砖墙内	混凝土墙内
名　称	单位	消　耗　量			
人工 合计工日	工日	0.400	1.300	0.980	1.370
人工 其中 一般技工	工日	—	0.900	—	—
人工 其中 普工	工日	0.400	0.400	0.980	1.370
材料 过线(路)盒	个	10.000	10.000	—	—
材料 终端盒或接线盒	个	—	—	10.200	10.200
材料 其他材料费	%	0.30	0.30	0.30	0.30

计量单位: 10 个

编　　号			11-6-39	11-6-40	11-6-41	11-6-42	11-6-43	11-6-44
项　　目			安装 8 位模块式信息插座				安装光纤信息插座	
			单口		双口		两口	四口
			非屏蔽	屏蔽	非屏蔽	屏蔽		
名　　称		单位	消　耗　量					
合计工日		工日	0.520	0.620	0.820	1.020	0.300	0.400
人工	其中	一般技工	工日	0.450	0.550	0.750	0.950	0.300	0.400
		普工	工日	0.070	0.070	0.070	0.070	—	—
材料		8 位模块式信息插座 单口	个	10.000	10.000	—	—	—	—
		8 位模块式信息插座 双口	个	—	—	10.000	10.000	—	—
		光纤信息插座（双口）	个	—	—	—	—	10.000	—
		光纤信息插座（四口）	个	—	—	—	—	—	10.000
		其他材料费	%	0.30	0.30	0.30	0.30	0.30	0.30

第七章　光（电）缆接续与测试

说　明

一、本章光缆接续与成端适用于熔接法和机械法两种施工工艺。

二、光缆的掏接分为"掏纤"和"接续"，其中"接续"根据工程需求按熔接法或机械法分别套用本章相应子目。

一、光缆接续与测试

1. 光 缆 接 续

工作内容： 1. 光缆接续（熔接法）：端面处理，纤芯连接，测试，包封护套，盘绕、固定光纤等。

2. 光缆成端接头：检验器材，尾纤熔接，测试衰减，固定活接头，固定光缆等。

3. 现场组装光纤连接器：制装接头，磨制，测试等。

4. 光缆掏纤：确定掏纤位置，开剥外护套，分纤剪断，直通光纤保护，盘留，固定等。

5. 光缆接续（机械法）：端面处理，芯线连接（熔接或机械法），测试衰耗，包封护套，盘余及固定分歧接续的光纤。

6. 现场组装光纤活动连接器：检验器材，光纤端面处理，安装光纤连接器，测试衰耗等。

计量单位：头

编　号			11-7-1	11-7-2	11-7-3	11-7-4	11-7-5	11-7-6
项　目			光缆接续（熔接法）（芯以下）					
			4	12	24	36	48	60
名　称		单位	消　耗　量					
人工	合计工日	工日	0.500	1.500	2.490	3.420	4.290	5.100
	一般技工	工日	0.500	1.500	2.490	3.420	4.290	5.100
材料	光缆接续器材	套	（1.010）	（1.010）	（1.010）	（1.010）	（1.010）	（1.010）
	光缆接头托架	套	1.010	1.010	1.010	1.010	1.010	1.010
	其他材料费	%	0.30	0.30	0.30	0.30	0.30	0.30
机械	汽油发电机组 10kW	台班	0.080	0.100	0.150	0.250	0.300	0.350
仪表	光纤熔接机	台班	0.150	0.200	0.300	0.450	0.550	0.700
	光时域反射仪	台班	0.600	0.700	0.800	0.950	1.100	1.250

计量单位：头

编　号	11-7-7	11-7-8	11-7-9	11-7-10	11-7-11	11-7-12
项　目	光缆接续（熔接法）（芯以下）					
	72	84	96	108	132	144
名　称	单位	消　耗　量					

	名　称	单位	消　耗　量					
人工	合计工日	工日	5.900	6.540	7.170	7.740	7.800	8.100
	一般技工	工日	5.900	6.540	7.170	7.740	7.800	8.100
材料	光缆接续器材	套	（1.010）	（1.010）	（1.010）	（1.010）	（1.010）	（1.010）
	光缆接头托架	套	1.010	1.010	1.010	1.010	1.010	1.010
	其他材料费	%	0.30	0.30	0.30	0.30	0.30	0.30
机械	汽油发电机组 10kW	台班	0.400	0.450	0.500	0.600	0.650	0.700
仪表	光纤熔接机	台班	0.800	0.950	1.100	1.200	1.300	1.400
	光时域反射仪	台班	1.400	1.600	1.700	1.750	1.850	1.850

编　号	11-7-13	11-7-14	11-7-15	11-7-16	11-7-17
项　目	光缆接续（机械法）	光缆掏纤		光缆成端接头（熔接法）	现场组装光纤活动连接器
		4 芯以下	每增加 2 芯		
	芯	处		芯	
名　称	单位	消　耗　量				

	名　称	单位	消　耗　量				
人工	合计工日	工日	0.100	0.750	0.090	0.150	0.080
	一般技工	工日	0.100	0.750	0.090	0.150	0.080
材料	光纤机械接续子（冷接子）	个	1.010	—	—	—	—
	直通单元	个	—	1.010	—	—	—
	光缆成端接头材料	套	—	—	—	1.010	—
	组装式光纤活动连接器	个	—	—	—	—	1.010
	其他材料费	%	0.30	0.30	—	0.30	0.30
仪表	光纤熔接机	台班	—	—	—	0.030	—
	光时域反射仪	台班	0.050	—	—	0.050	0.050

2. 用户光缆测试

工作内容：光纤特性的测试、记录、整理测试资料等。　　　　　　　　　　　　　　　计量单位：段

编　号		11-7-18	11-7-19	11-7-20	11-7-21	11-7-22	11-7-23
项　目		用户光缆测试					
		单芯	4 芯以下	12 芯以下	24 芯以下	36 芯以下	48 芯以下
名　称	单位	消　耗　量					
人工 合计工日	工日	0.260	0.500	0.920	1.290	1.830	2.280
人工 一般技工	工日	0.260	0.500	0.920	1.290	1.830	2.280
仪表 光时域反射仪	台班	0.050	0.080	0.150	0.210	0.290	0.360

　　计量单位：段

编　号		11-7-24	11-7-25	11-7-26	11-7-27	11-7-28	11-7-29	11-7-30
项　目		用户光缆测试（芯以下）						
		60	72	84	96	108	132	144
名　称	单位	消　耗　量						
人工 合计工日	工日	2.700	3.030	3.270	3.450	3.570	3.820	3.920
人工 一般技工	工日	2.700	3.030	3.270	3.450	3.570	3.820	3.920
仪表 光时域反射仪	台班	0.420	0.480	0.520	0.570	0.600	0.630	0.660

计量单位：段

编　号		11-7-31	11-7-32	11-7-33	11-7-34	11-7-35	11-7-36
项　目		用户光缆测试（芯以下）					
		168	192	216	240	264	288
名　称	单位	消　耗　量					
人工 合计工日	工日	4.180	4.520	4.810	5.040	5.370	5.660
一般技工	工日	4.180	4.520	4.810	5.040	5.370	5.660
仪表 光时域反射仪	台班	0.690	0.720	0.750	0.800	0.830	0.870

计量单位：段

编　号		11-7-37	11-7-38	11-7-39	11-7-40	11-7-41	11-7-42
项　目		用户光缆测试（芯以下）					
		312	336	360	384	408	432
名　称	单位	消　耗　量					
人工 合计工日	工日	5.930	6.180	6.400	6.590	6.770	6.910
一般技工	工日	5.930	6.180	6.400	6.590	6.770	6.910
仪表 光时域反射仪	台班	0.930	0.980	1.020	1.050	1.080	1.100

计量单位：段

编　号			11-7-43	11-7-44	11-7-45	11-7-46	11-7-47	11-7-48
项　目			用户光缆测试（芯以下）					
			456	480	504	528	552	576
名　称		单位	消　耗　量					
人工	合计工日	工日	7.030	7.120	7.250	7.350	7.430	7.490
	一般技工	工日	7.030	7.120	7.250	7.350	7.430	7.490
仪表	光时域反射仪	台班	1.110	1.140	1.160	1.170	1.190	1.210

3. 光纤链路测试

工作内容： 测试，记录数据，编制测试报告等。　　　　　　　　　　　　　　　　计量单位：链路

编　号			11-7-49	11-7-50
项　目			光纤链路测试	
			光纤链路衰减测试	光纤链路回波损耗测试
名　称		单位	消　耗　量	
人工	合计工日	工日	0.100	0.100
	一般技工	工日	0.100	0.100
仪表	高稳定度光源	台班	0.100	—
	光功率计	台班	0.100	—
	手持光损耗测试仪	台班	—	0.100

二、电缆接续与测试

1. 电缆接续与终接

（1）电缆芯线接续

工作内容：1. 成端电缆接续：确定位置，检验电缆，对号测试，芯线接续等。

2. 电缆芯线接续：确定位置，检验电缆，编麻线，对号测试，芯线
接续（含充油膏电缆的芯线清洗）等。

3. 电缆芯线改接：新旧电缆对号，编线，芯线改接，测试等。

计量单位：100 对

编　号		11-7-51	11-7-52	11-7-53	11-7-54	11-7-55	11-7-56	11-7-57	11-7-58
项　目		成端电缆芯线接续		电缆芯线接续				电缆芯线改接	
		0.6 以下	0.9 以下	0.6 以下		0.9 以下		0.6 以下	0.9 以下
				接线子式	模块式	接线子式	模块式		
名　称	单位	消耗量							
人工 合计工日	工日	1.200	1.350	1.100	0.660	1.400	0.840	3.500	4.000
人工 一般技工	工日	1.200	1.350	1.100	0.660	1.400	0.840	3.500	4.000
材料 电缆接线子	只	204.000	204.000	204.000	—	204.000	—	204.000	204.000
材料 接线模块 25 回线	条	4.040	4.040	—	4.040	—	4.040	4.040	4.040
材料 其他材料费	%	0.30	0.30	0.30	0.30	0.30	0.30	0.30	0.30

（2）堵塞成端套管

工作内容： 套管整形，电缆芯线处理，连接屏蔽线，包封成端套管，配制堵塞剂和填
充料并灌注，气压试验，测试，整理卡固成端接口及成端电缆，做标志等。　　　计量单位：个

编　号			11-7-59	11-7-60	11-7-61	11-7-62	11-7-63	11-7-64	11-7-65	11-7-66
项　目			堵塞成端套管							
			$\phi50\times$ 900 以下	$\phi70\times$ 900 以下	$\phi90\times$ 900 以下	$\phi110\times$ 900 以下	$\phi130\times$ 900 以下	$\phi150\times$ 900 以下	$\phi170\times$ 900 以下	$\phi180\times$ 900 以下
名　称		单位	消　耗　量							
人工	合计工日	工日	1.150	1.300	1.700	2.100	2.300	2.700	2.900	3.200
	一般技工	工日	1.150	1.300	1.700	2.100	2.300	2.700	2.900	3.200
材料	套管	个	1.010	1.010	1.010	1.010	1.010	1.010	1.010	1.010
	管箍	个	1.010	1.010	1.010	1.010	1.010	1.010	1.010	1.010
	堵塞剂	kg	1.000	1.000	1.500	1.500	1.500	2.000	2.000	2.000
	U形卡环	副	3.030	3.030	3.030	3.030	3.030	3.030	3.030	3.030
	其他材料费	%	0.30	0.30	0.30	0.30	0.30	0.30	0.30	0.30

（3）封焊热可缩套（包）管

工作内容： 套管对位，划线，芯线处理，连接屏蔽线，打磨两端电缆连接处并清除
杂物，烤缩套（包）管，整理和固定套管，管道电缆包括托板加垫，管孔
加铅皮花口等。　　　计量单位：个

编　号			11-7-67	11-7-68	11-7-69	11-7-70	11-7-71	11-7-72	11-7-73	11-7-74
项　目			封焊热可缩套（包）管							
			$\phi50\times$ 900 以下	$\phi70\times$ 900 以下	$\phi90\times$ 900 以下	$\phi110\times$ 900 以下	$\phi130\times$ 900 以下	$\phi150\times$ 900 以下	$\phi170\times$ 900 以下	$\phi180\times$ 900 以下
名　称		单位	消　耗　量							
人工	合计工日	工日	0.700	0.900	1.200	1.400	1.600	1.900	2.000	2.200
	其中 一般技工	工日	0.560	0.720	0.960	1.120	1.280	1.520	1.600	1.760
	普工	工日	0.140	0.180	0.240	0.280	0.320	0.380	0.400	0.440
材料	热缩套（包）管	套	1.010	1.010	1.010	1.010	1.010	1.010	1.010	1.010
	尼龙扎带（综合）	根	2.020	2.020	2.020	2.020	2.020	2.020	2.020	2.020
	其他材料费	%	0.30	0.30	0.30	0.30	0.30	0.30	0.30	0.30

（4）安装包式塑料电缆套管

工作内容: 1. 包封 C 形套管:电缆端口清洁,芯线处理,连接屏蔽线,包封套管,接口固定等。

　　　　　2. 安装多用接头盒:器材检验,接头芯线处理,连接屏蔽线,组装固定,处理端口等。

　　　　　3. 安装接线筒:器材检验,出线口及底座的处理,打磨清洁尾缆,灌注填充剂,封口,安装固定等。

　　　　　4. 安装开启式套管:器材检验,安装固定等。　　　　　　　　计量单位:个

编　号			11-7-75	11-7-76	11-7-77	11-7-78	11-7-79	11-7-80
项　目			包封 C 形套管			安装多用接头盒	安装接线筒	安装开启式套管
			$\phi65\times500$ 以下	$\phi85\times500$ 以下	$\phi90\times600$ 以下			
名　称		单位	消　耗　量					
人工	合计工日	工日	0.300	0.350	0.400	1.380	3.310	1.380
	其中 一般技工	工日	0.240	0.280	0.320	1.100	2.650	1.100
	普工	工日	0.060	0.070	0.080	0.280	0.660	0.280
材料	C 形玻璃钢套管	套	1.010	1.010	1.010	—	—	—
	尼龙扎带（综合）	根	3.030	3.030	3.030	3.030	—	—
	接线盒	个	—	—	—	—	1.010	—
	多用接头盒	套	—	—	—	1.010	—	—
	U 形槽板	块	—	—	—	—	1.010	—
	填充剂	kg	—	—	—	—	1.010	—
	开启式套管	套	—	—	—	—	—	1.010
	其他材料费	%	0.30	0.30	0.30	0.30	0.30	0.30

（5）制作热可缩套管气闭头

工作内容：套管整型，烤缩，配置堵剂并灌注，气压及绝缘试验，整理固定，做标志等。　　　　　　**计量单位：**个

	编　　号			11-7-81	11-7-82	11-7-83	11-7-84	11-7-85	11-7-86	11-7-87	11-7-88
	项　　目			制作热可缩套管气闭头							
				$\phi 50$ 以下	$\phi 70$ 以下	$\phi 90$ 以下	$\phi 110$ 以下	$\phi 130$ 以下	$\phi 150$ 以下	$\phi 170$ 以下	$\phi 180$ 以下
	名　　称		单位	消　耗　量							
人工	合计工日		工日	0.840	1.080	1.440	1.780	1.920	2.270	2.400	2.640
	其中	一般技工	工日	0.670	0.860	1.150	1.430	1.540	1.820	1.920	2.110
		普工	工日	0.170	0.220	0.290	0.350	0.380	0.450	0.480	0.530
材料	阻气套管		套	1.010	1.010	1.010	1.010	1.010	1.010	1.010	1.010
	尼龙扎带（综合）		根	2.020	2.020	2.020	2.020	2.020	2.020	2.020	2.020
	堵塞剂		kg	1.000	1.000	1.500	1.500	2.000	2.000	2.000	2.000
	其他材料费		%	0.30	0.30	0.30	0.30	0.30	0.30	0.30	0.30

（6）电缆终接

工作内容：1. 卡接对绞电缆：编扎固定对绞电缆，卡线，做屏蔽，核对线序，安装固定接线模块（跳线盘），做标记等。

　　　　　2. 端接同轴电缆：刮头，做头，分线，编扎，卡接，整理等。

	编　　号		11-7-89	11-7-90	11-7-91	11-7-92	11-7-93	11-7-94
	项　　目		卡接4对以下对绞电缆		卡接4对以上对绞电缆		端接同轴电缆	
			非屏蔽	屏蔽	非屏蔽	屏蔽	单芯	多芯
			条		百对		头	
	名　　称	单位	消　耗　量					
人工	合计工日	工日	0.060	0.080	1.130	1.500	0.120	0.500
	一般技工	工日	0.060	0.080	1.130	1.500	0.120	0.500

2. 电缆布线系统测试

工作内容：测试，记录数据，编制测试报告等。

编　　号		11-7-95	11-7-96	11-7-97
项　　目		配线电缆测试	对绞电缆布线系统测试	同轴电缆布线系统测试
		100 对	链路	
名　　称	单位	消　耗　量		
人工 合计工日	工日	1.500	0.100	0.100
人工 一般技工	工日	1.500	0.100	0.100
仪表 线路测试仪	台班	—	0.050	—

第八章　通信设备安装

说　明

一、本章分为通用部分和专业部分：通用部分适用于各专业设备的配套设施，包括综合机架、配线架、电源分配柜以及设备缆线等；专业部分包括驻地网的用户语音交换设备、局域网设备、接入网设备的安装及调测。

二、本章包括以下工作内容：

1. 用户语音交换设备包括电路交换方式和分组交换方式。

2. 局域网设备包括组网设备以及用户端设备（集线器、以太网交换机、路由器、服务器、终端机等）。项目名称中的高、中、低端设备的含义应参照当时主流设备的综合性能指标及所处网络位置进行划分。

3. 外围设备包括光纤收发器、协议转换器、打印机、光模块等微型用户端设备。

三、接入网设备分为有源光网络设备、无源光网络设备以及混合光电接入方式。

四、有源光网络接入方式包括 SDH 和分组传送设备的各种组网类型，上述分项工程统一以设备的外接端口为计量单位，一收一发为一个"端口"。

五、本章中综合架（柜）包括各专业的空架、龙门架、混合架、集装架等。

六、本章中总配线架系按成套供应考虑。若非成套供应，仅安装总配线架铁架时取相应子目人工消耗量的 70%。

七、本章专业设备的安装所需附件和材料按厂商配套提供考虑。若非成套提供，材料规格及消耗量需由设计按实计列。

八、布放设备电缆适用于在电缆桥架、槽道及机房内地槽中施工。

九、本章中安装网络管理系统包括：NMS、EM、LCT 设备的安装，网管线、数据线、电源线的布放，不包括与外部通道相连的通信电缆。

一、安装机架（柜）

1. 安装分配柜、综合柜

工作内容： 1. 电源分配柜：开箱检验，清洁搬运，划线定位，安装固定，安装附件，
盘内整理，接线连接等。
2. 综合机架（柜）：开箱检验，清洁搬运，安装固定等。

计量单位：架

编　号		11-8-1	11-8-2	11-8-3	11-8-4	11-8-5
项　目		安装电源分配柜、箱			安装无源综合架（柜）	安装有源综合架（柜）
		落地式	壁挂式	架顶式		
名　称	单位	消　耗　量				
人工	合计工日	工日	2.130	1.380	0.600	1.610	1.860
	一般技工	工日	2.130	1.380	0.600	1.610	1.860
材料	加固角钢夹板组	套	2.020	—	—	2.020	2.020
	其他材料费	%	3.00	—	—	3.00	3.00

计量单位：个

编　号		11-8-6	11-8-7	11-8-8
项　目		安装子机框	抗振底座	
			制作	安装
名　称	单位	消　耗　量		
人工	合计工日	工日	0.200	1.200	0.380
	一般技工	工日	0.200	1.200	0.380
材料	抗振底座	个	—	1.000	—
	其他材料费	%	—	3.00	—

2. 安装总配线架

工作内容: 1. 安装总配线架、测量台、业务台、辅助台、滑梯: 开箱检验,清洁搬运,
安装固定,安装端子板,安装告警信号装置,调整清理等。

     2. 安装保安排、试线排: 开箱检验,清洁搬运,安装固定。   **计量单位:架**

编 号		11-8-9	11-8-10	11-8-11	11-8-12	11-8-13
项 目		落地式总配线架(回线以下)				
		240	480	1 000	2 000	4 000
名 称	单位	消 耗 量				
人工 合计工日	工日	6.010	8.510	10.020	13.270	16.750
一般技工	工日	6.010	8.510	10.020	13.270	16.750
材料 槽钢 80×43×5	kg	—	—	—	—	32.640
信号灯座	套	—	—	—	—	10.000
红色信号灯	套	—	—	—	—	10.000
其他材料费	%	—	—	—	—	3.00

编 号		11-8-14	11-8-15	11-8-16
项 目		600/600 壁挂式配线架	安装保安排	安装试线排
		架	块	
名 称	单位	消 耗 量		
人工 合计工日	工日	4.170	0.130	0.100
一般技工	工日	4.170	0.130	0.100

3. 安装数字分配架、光分配架

工作内容: 开箱检验,清洁搬运,划线定位,机架组装,加固,安装端子板等。

编　号			11-8-17	11-8-18	11-8-19	11-8-20	11-8-21	11-8-22
项　目			安装数字分配架			安装光分配架		
			落地式	壁挂式	子架	落地式	壁挂式	子架
			架		个	架		个
名　称		单位	消　耗　量					
人工	合计工日	工日	3.500	1.750	0.190	2.420	1.350	0.190
	一般技工	工日	3.500	1.750	0.190	2.420	1.350	0.190
材料	加固角钢夹板组	套	2.020	—	—	2.020	—	—
	其他材料费	%	3.00	—	—	3.00	—	—

二、安装与调测驻地网用户交换设备

1. 安装用户语音交换设备硬件

工作内容: 1. 安装交换设备:开箱检验,清洁搬运,划线定位,安装加固机架,安装机盘及电路板,互连,
　　　　　设备标志,清洁整理等。
　　　　2. 安装用户集线器(SLC):开箱检验,清洁搬运,划线定位,安装加固机架,安装机盘,设备标
　　　　　志,清洁整理等。
　　　　3. 安装告警设备、扩装电路板:开箱检验,清洁搬运,安装固定,互连。

编　号			11-8-23	11-8-24	11-8-25	11-8-26	11-8-27	11-8-28
项　目			安装落地式用户交换设备	安装墙挂式用户交换设备	安装用户集线器(SLC)	安装告警设备	扩装交换设备电路板	安装测量台业务台
			架	台	架	台	块	台
名　称		单位	消　耗　量					
人工	合计工日	工日	10.000	8.000	12.000	0.500	0.050	1.680
	一般技工	工日	10.000	8.000	12.000	0.500	0.050	1.680

2. 调测用户语音交换系统

工作内容：1. 交换设备硬件调测：设备静态检查，通电，平台测试，告警测试，通话测试，连通测试（含中继测试）等。

    2. 交换设备软件调测：系统初始化，交换系统内各项功能调测，性能调测，整理测试记录。

编　　号			11-8-29	11-8-30	11-8-31	11-8-32	11-8-33
项　　目			交换设备硬件调测				
			用户线	中继线电口	中继线光口	以太网电口	以太网光口
			100线	端口			
名　　称		单位	消　耗　量				
人工	合计工日	工日	1.000	0.800	1.000	0.500	0.800
	其中 高级技工	工日	0.200	0.160	0.200	0.100	0.160
	一般技工	工日	0.800	0.640	0.800	0.400	0.640
仪表	数字传输分析仪	台班	—	0.010	0.020	—	—
	模拟信令测试仪	台班	—	0.010	0.020	—	—
	用户模拟呼叫器	台班	0.100	—	—	—	—
	中继线模拟呼叫器	台班	—	0.010	0.020	0.020	0.020
	网络测试仪	台班	—	—	—	0.020	0.020
	光功率计	台班	—	—	0.030	—	0.030
	光可变衰耗器	台班	—	—	0.030	—	0.030

编　　号			11-8-34	11-8-35	11-8-36	11-8-37	11-8-38	11-8-39
项　　目			语音交换设备软件调测				调测用户集线器	调测告警设备
			用户线	2M 中继线	155M 中继线	以太网接口	100线	台
			100线	端口				
名　　称		单位	消　耗　量					
人工	合计工日	工日	15.000	0.500	1.000	0.500	3.500	1.000
	一般技工	工日	15.000	0.500	1.000	0.500	3.500	1.000

三、安装与调测局域网设备

1. 安装局域网网络设备

工作内容: 技术准备,开箱检验,清洁搬运,定位安装机柜、机箱,装配接口板,接口检查,硬件加电自检等。

编　号		11-8-40	11-8-41	11-8-42	11-8-43
项　目		安装低端局域网交换机	安装高、中端局域网交换机		安装集线器
			安装机箱及电源模块	安装接口板	
		台		块	台
名　称	单位	消　耗　量			
人工 合计工日	工日	1.250	1.200	0.500	0.500
一般技工	工日	1.250	1.200	0.500	0.500

编　号		11-8-44	11-8-45	11-8-46
项　目		安装低端路由器		
		安装路由器(整机型)	安装路由器机箱及电源模块(模块化)	安装路由器接口母板
		台		块
名　称	单位	消　耗　量		
人工 合计工日	工日	1.250	1.200	0.500
一般技工	工日	1.250	1.200	0.500

编　号	11-8-47	11-8-48	11-8-49	11-8-50
项　目	安装中端路由器		安装高端路由器	
	安装路由器机箱及电源模块（模块化）	安装路由器接口母板	安装路由器机箱及电源模块（模块化）	安装路由器接口母板
	台	块	台	块

	名　称	单位	消　耗　量			
人工	合计工日	工日	1.500	0.600	1.750	0.700
	一般技工	工日	1.500	0.600	1.750	0.700

2. 调测局域网网络设备

工作内容：本机测试，接口测试，系统综合调测。

编　号		11-8-51	11-8-52	11-8-53	11-8-54	11-8-55	11-8-56	11-8-57	11-8-58
项　目		调测路由器				调测局域网交换机			调测集线器
		低端	中端	高端	扩容板卡	低端	高、中端	扩容板卡	
		套			块	台		块	台

		名　称	单位	消　耗　量							
人工		合计工日	工日	0.500	1.000	1.500	0.400	0.500	1.250	0.400	0.500
	其中	高级技工	工日	0.100	0.200	0.300	0.080	0.100	0.250	0.080	0.100
		一般技工	工日	0.400	0.800	1.200	0.320	0.400	1.000	0.320	0.400
仪表		数字传输分析仪	台班	0.050	0.100	0.050	0.050	—	—	—	—
		网络测试仪	台班	1.900	2.100	2.300	0.100	0.250	0.750	0.050	0.100
		协议分析仪	台班	1.900	2.100	2.300	0.100	—	—	—	—

3. 安装与调测局域网终端及附属设备

工作内容: 开箱检验,清洁搬运,定位安装机柜、机箱、装配接口板,加电检查等。　　　　　　计量单位:台

编　号			11-8-59	11-8-60	11-8-61	11-8-62	11-8-63	11-8-64
项　目			安装服务器			配合调测服务器		
			低端	中端	高端	低端	中端	高端
名　称		单位	消　耗　量					
人工	合计工日	工日	1.800	3.500	5.500	2.000	3.500	5.000
	其中 高级技工	工日	—	—	—	0.400	0.700	1.000
	一般技工	工日	1.800	3.500	5.500	1.600	2.800	4.000

编　号			11-8-65	11-8-66	11-8-67	11-8-68	11-8-69	11-8-70
项　目			安装、调测光电转换器			安装、调测调制解调器		
			集成式(台式)	插板式	扩板	集成式(台式)	插板式	扩板
			台		块	台		块
名　称		单位	消　耗　量					
人工	合计工日	工日	0.500	1.000	0.250	0.700	1.500	0.250
	一般技工	工日	0.500	1.000	0.250	0.700	1.500	0.250
仪表	协议分析仪	台班	0.250	0.250	0.050	0.200	0.200	0.050

计量单位: 台

编　号		11-8-71	11-8-72	11-8-73
项　目		安装 KVM 切换器	安装微型计算机（PC机）	安装外围设备
名　称	单位	消　耗　量		
人工 合计工日	工日	0.500	0.500	0.200
一般技工	工日	0.500	0.500	0.200

4. 安装与调测数据存储设备

工作内容: 开箱检验, 清洁搬运, 定位安装, 互连, 接口检查, 加电自检, 联机调试。　　　　计量单位: 台

编　号		11-8-74	11-8-75	11-8-76
项　目		安装光纤通道交换机	安装调试磁盘阵列	
			12 块磁盘以下	每增加 5 块磁盘
名　称	单位	消　耗　量		
人工 合计工日	工日	1.060	2.000	0.800
一般技工	工日	1.060	2.000	0.800

5. 安装与调测网络安全设备

工作内容:技术准备,开箱检验,定位安装,互连,加电检查,清理现场等。 计量单位:台

编　号			11-8-77	11-8-78	11-8-79	11-8-80
项　目			防火墙设备		其他网络安全设备	
			安装	调测	安装	调测
名　称		单位	消　耗　量			
人工	合计工日	工日	2.100	2.600	1.050	1.100
	其中　高级技工	工日	—	0.520	—	0.220
	一般技工	工日	2.100	2.080	1.050	0.880

四、安装与调测有线接入网设备

1. 有源光网络设备

(1)设备安装及本机测试

工作内容:开箱检验,清洁搬运,定位安装子架、装配接口板,加电检查、单机性能测试、自环设施等。

编　号			11-8-81	11-8-82	11-8-83	11-8-84	11-8-85	11-8-86
项　目			安装子机框及公共单元盘	安装测试传输设备接口盘				
				2.5Gbit/s	622Mbit/s	155Mbit/s（光）	155Mbit/s（电）	2Mbit/s
			子架	端口				
名　称		单位	消　耗　量					
人工	合计工日	工日	1.050	1.350	1.050	0.800	0.650	0.250
	一般技工	工日	1.050	1.350	1.050	0.800	0.650	0.250
仪表	数字传输分析仪	台班	—	0.050	0.050	0.050	0.050	0.050
	光可变衰耗器	台班	—	0.030	0.030	0.030	—	—
	光功率计	台班	—	0.100	0.100	0.100	—	—
	宽带示波器（20G）	台班	—	0.030	0.030	0.030	—	—

计量单位:端口

编　号			11-8-87	11-8-88	11-8-89	11-8-90
项　目			安装测试传输设备接口盘			
			FE 电口	FE 光口	GE 电口	GE 光口
名　称		单位	消　耗　量			
人工	合计工日	工日	0.250	0.250	1.100	1.100
	一般技工	工日	0.250	0.250	1.100	1.100
仪表	通信性能分析仪	台班	0.050	0.050	0.050	0.050
	光可变衰耗器	台班	—	0.030	—	0.030
	光功率计	台班	—	0.010	—	0.010

(2)安装网管系统、传输系统通道调测

工作内容: 1. 安装网管设备:开箱检验,清洁搬运,设备安装固定,设备自检,配合调测网管系统运行试验等。

2. 系统通道调测:误码,抖动,光功率性能测试;告警,检测,转换功能,公务操作检查,音频接口测试等。

编　号			11-8-91	11-8-92	11-8-93	11-8-94	11-8-95
项　目			安装、配合调测网管系统	线路段光端对测	复用设备系统通道调测		保护倒换测试
					光口	电口	
			套	方向·系统	端口		环·系统
名　称		单位	消　耗　量				
人工	合计工日	工日	5.000	0.950	0.500	0.300	1.500
	其中 高级技工	工日	—	0.190	0.100	0.060	0.300
	一般技工	工日	5.000	0.760	0.400	0.240	1.200
仪表	数字传输分析仪	台班	—	—	0.050	0.100	0.100
	光可变衰耗器	台班	—	0.050	0.050	—	0.100
	光功率计	台班	—	0.050	0.050	—	—

2. 无源光网络设备

(1) 局 端 设 备

工作内容: 1. 安装测试基本子架及公共单元:开箱检验,安装固定机框,插装公共单元盘,设备标记,检验公共单元盘的功能。

2. 安装接口盘:插装设备板卡,设备标记,清洁整理。

3. OLT 设备本机测试:加电,本机性能测试,整理数据,填写测试表格。

编　号			11-8-96	11-8-97	11-8-98	11-8-99	11-8-100	11-8-101
项　目			安装光线路终端(OLT)设备			OLT 设备本机测试		OLT 设备本机测试
			公用单元盘(架式)	公用单元盘(盒式)	接口盘	上联 SNI 接口		下联光接口
						光口	电口	
			套		块	端口		
名　称		单位	消　耗　量					
人工	合计工日	工日	1.050	0.600	0.080	0.060	0.060	0.060
	其中 高级技工	工日	—	—	—	0.010	0.010	0.010
	一般技工	工日	1.050	0.600	0.080	0.050	0.050	0.050
仪表	网络分析仪	台班	—	—	—	0.030	0.030	0.030
	光可变衰耗器	台班	—	—	—	0.030		0.030
	光功率计	台班	—	—	—	0.100		0.100

（2）用户端设备

工作内容： 1. 安装插卡式 ONU 设备：开箱检验，安装固定子机框，插装设备板卡，设备标记，清洁整理等。

2. 安装集成式 ONU 设备：开箱检验，清洁搬运，安装固定设备本机，设备标记，清洁整理等。

3. 安装 ONT 设备：开箱检验，清洁搬运，安装固定设备，连接电源线及各类接口缆线，清洁整理等。

4. ONU/ONT 设备 PON 接口测试：测试平均发射光功率测试，接收灵敏度，整理数据，填写测试表格。

编　号			11-8-102	11-8-103	11-8-104	11-8-105	11-8-106
项　目			安装光网络单元（ONU）			安装光网络终端（ONT）	ONU/ONT 设备上联光接口本机测试
			插卡式设备	集成式设备	扩装 ONU 板卡		
			子架	台	块	台	端口
名　称		单位	消　耗　量				
人工	合计工日	工日	0.750	0.500	0.100	0.550	0.100
	一般技工	工日	0.750	0.500	0.100	0.550	0.100
仪表	网络测试仪	台班	—	—	—	—	0.050
	光可变衰耗器	台班	—	—	—	—	0.050
	光功率计	台班	—	—	—	—	0.050

（3）安装调测网管系统、接入网功能验证及性能测试

工作内容： 1. 安装、配合调测网络管理系统：开箱验货，划线定位，安装固定设备，设备自检，配合厂家调测。

2. 系统功能验证及性能测试：对窄带端口进行通话（拨打）测试；宽带端口进行平台测试，连通测试，配合厂家数据配置；ONT 设备进行通路测试，数据配置等。

计量单位：套

编　　号			11-8-107	11-8-108
项　　目			安装、配合调测网络管理系统	
			新建工程	扩容工程
名　　称		单位	消　耗　量	
人工	合计工日	工日	6.000	4.500
	一般技工	工日	6.000	4.500

编　　号			11-8-109	11-8-110	11-8-111	11-8-112	11-8-113
项　　目			系统功能验证及性能测试				ONT 端口
			ONU 窄带端口		ONU 宽带端口		
			64 线以下	64 线以上每增加 10 线	64 线以下	64 线以上每增加 10 线	
			10 线				台
名　　称		单位	消　耗　量				
人工	合计工日	工日	0.200	0.100	0.500	0.250	0.400
	其中 高级技工	工日	0.040	0.020	0.100	0.050	0.080
	一般技工	工日	0.160	0.080	0.400	0.200	0.320
仪表	网络测试仪	台班	—	—	0.020	0.020	—
	笔记本电脑	台班	—	—	0.020	0.020	0.200

五、布放通信设备线缆

1. 布放设备电缆

（1）放绑设备电缆

工作内容： 取料，搬运，测试，量裁，布放，编绑，整理等。 计量单位：100m 条

编　号			11-8-114	11-8-115	11-8-116
项　目			音频电缆（芯）		音频隔离线（单、双芯）
			24 以下	24 以上	
名　称		单位	消　耗　量		
人工	合计工日	工日	1.050	1.300	0.800
	一般技工	工日	1.050	1.300	0.800
材料	电缆	m	（102.000）	（102.000）	（102.000）

计量单位：100m 条

编　号			11-8-117	11-8-118	11-8-119	11-8-120
项　目			SYV 类射频同轴电缆		数据电缆（芯）	
			单芯	多芯	10 以下	10 以上
名　称		单位	消　耗　量			
人工	合计工日	工日	1.000	1.350	0.710	1.000
	一般技工	工日	1.000	1.350	0.710	1.000
材料	电缆	m	（102.000）	（102.000）	（102.000）	（102.000）

（2）编扎、焊（绕、卡）接设备电缆

工作内容：刮头，做头，分线，编扎，对线，焊（绕、卡）线，二次对线，整理等。　　　　　　　计量单位：条

编　号			11-8-121	11-8-122	11-8-123	11-8-124	11-8-125
项　目			音频电缆（芯以下）				
			10	24	32	64	128
名　称		单位	消　耗　量				
人工	合计工日	工日	0.160	0.350	0.550	0.900	1.050
	一般技工	工日	0.160	0.350	0.550	0.900	1.050

编　号			11-8-126	11-8-127	11-8-128	11-8-129
项　目			音频隔离线（单、双芯）	SYV 类射频同轴电缆	数据电缆（芯）	
					10 以下	10 以上
			条	芯／条	条	
名　称		单位	消　耗　量			
人工	合计工日	工日	0.060	0.080	0.080	0.180
	一般技工	工日	0.060	0.080	0.080	0.180

2. 布放架内跳线

工作内容: 放线,剥隔离皮,焊(绕、卡)线,核对,改线(带电),整理,试通等。　　　　　　计量单位:100m

编　号			11-8-130	11-8-131	11-8-132
项　目			总配线架跳线	总配线架带电改接跳线	数字分配架跳线
名　称		单位	消　耗　量		
人工	合计工日	工日	1.400	2.750	8.500
	一般技工	工日	1.400	2.750	8.500
材料	塑料跳线	m	316.000	153.000	—
	其他材料费	%	3.00	3.00	—

3. 布放双头尾纤(光跳线)

工作内容: 放绑软光纤,固定软光纤连接器(活接头),敷设套管,预留保护。

编　号			11-8-133	11-8-134	11-8-135	11-8-136	11-8-137	11-8-138	11-8-139	11-8-140
项　目			设备机架之间放、绑(m)		布放集束光纤	端接集束光纤(芯以下)				光纤分配架内跳纤
			15以下	15以上		12	24	48	96	
			条		10m条	条				
名　称		单位	消　耗　量							
人工	合计工日	工日	0.290	0.460	0.500	0.200	0.330	0.550	0.900	0.130
	一般技工	工日	0.290	0.460	0.500	0.200	0.330	0.550	0.900	0.130
材料	尾纤(双端头)	条	1.010	1.010	—	—	—	—	—	1.000
	光纤束	m	—	—	10.000	—	—	—	—	—
	其他材料费	%	3.00	3.00	3.00	—	—	—	—	3.00

4. 布放电源线

工作内容： 检验，量裁，布放，绑扎，卡固，对线，剥保护层，连接接线端子，包缠绝缘带，固定等。

计量单位：10m 条

编　号	11-8-141	11-8-142	11-8-143	11-8-144	11-8-145	11-8-146
项　目	布放电源线（单芯线径）（mm² 以下）					
	16	35	70	120	185	240
名　称	单位	消　耗　量				

	名　称	单位	消　耗　量					
人工	合计工日	工日	0.180	0.250	0.360	0.490	0.600	0.760
	一般技工	工日	0.180	0.250	0.360	0.490	0.600	0.760
材料	通信电源线	m	10.150	10.150	10.150	10.150	10.150	10.150
	接线端子	个	2.030	2.030	2.030	2.030	2.030	2.030
	其他材料费	%	3.00	3.00	3.00	3.00	3.00	3.00

附　录

一、土壤及岩石分类表

通信线路工程土石分类	建设部基础定额土石分类		土、石名称	开挖方式及工具
	土、石类	普氏分类		
普通土	一、二类土壤	I	砂 砂壤土 炭壤土 泥炭	用尖锹开挖少数用镐开挖
		II	轻壤土和黄土 潮湿而松散的黄土 含有草根的密实腐殖土 含有卵石或碎石杂质的胶结成块的填土 含有卵石、碎石和建筑碎料杂质的沙壤土	
硬土	三类土壤	III	黏土 重壤土、粗砾石和卵石 干黄土和掺有碎石的自然含水量黄土 含有直径大于 30mm 根类的腐殖土 或泥炭掺有碎石和建筑碎料的土壤	用尖锹并同时用镐开挖（30%）
砂砾土	四类土壤	IV	含碎石重黏土、硬黏土 含有碎石、卵石、建筑碎料和重达 25kg 的顽石的肥黏土的重壤土 泥板岩含有重量达 10kg 的顽石	用尖锹并同时用镐和撬棍开挖（30%）
软石	松石	V	含有重量在 50% 以内的巨砾的冰矿石 矽藻岩和软白垩岩 胶结力弱的砾岩 各种不坚实的片岩 石膏	部分用手凿工具、部分用爆破来开挖
软石	次坚石	VI	凝灰岩和浮石 松软多孔和裂隙严重的石灰岩和介质石灰岩 中等硬变的片岩 中等硬变的泥灰岩	用风镐和爆破法来开挖
		VII	石灰石胶结的带有卵石和沉积岩的砾石 风化的有大裂缝的黏土质砂岩 坚实的泥板岩 坚实的泥灰岩	用爆破方法开挖

续表

通信线路工程土石分类	建设部基础定额土石分类		土、石名称	开挖方式及工具
	土、石类	普氏分类		
软石	次坚石	Ⅷ	砾质花岗 泥灰质石灰岩 黏土质砂岩 砂质云母片岩 硬石膏	爆破或人工用大锤打的方法
坚石	坚石	Ⅸ	严重风化的花岗岩、片麻岩和正长岩致密的石灰岩 含有卵石、沉积岩的胶质胶结的砾岩砂岩 砂质石灰质片岩 菱镁矿	用爆破或人工用大锤打的方法挖掘

说明：1. 普通土：主要用铁锹挖掘，并能自行脱锹的一般土壤。

2. 硬土：部分用铁锹挖掘，部分用镐挖掘，如坚土、黏土、市区瓦砾土及淤泥深度小于 0.5m 的水稻田和土壤（包括虽然可用锹挖，但不能自行脱锹的土壤）等。

3. 砂砾土：以镐、锹为主，有时也需用撬棍挖掘，如风化石、僵石、卵石及淤泥深度为 0.5m 以上的水稻田等。

4. 软石：部分用镐挖，部分用爆破挖掘的石质。松砂石、黏性胶结特别密实的卵石、软片石、碎裂的石灰岩、硬黏土质的片岩、页岩和硬石膏等。

5. 坚石：全部用爆破或人工用大锤打的方法挖掘的石质，如硬岩、玄武岩、花岗岩和石灰质砾岩等。

二、开挖土（石）方工程量计算

1. 不放坡挖沟，开挖路面面积：

开挖管道沟面积　　　　　　　　　　$A=BL$

开掘人孔坑面积　　　　　　　　　　$A=ab$

2. 放坡挖沟，开挖路面面积：

开挖管道沟面积：

$$A=(2Hi+B)L$$

开挖人孔坑面积：

$$A=(2Hi+a)(2Hi+b)$$

3. 开挖沟土（石）方体积：

不放坡挖沟：

$$V_1=BHL$$

放坡挖沟：

$$V_1=(Hi+B)HL$$

4. 开挖人孔坑土（石）方体积：

不放坡挖人孔坑：

$$V_2=abH$$

放坡挖人孔坑：

$$V_2=\frac{H}{3}\left[ab+(2Hi+a)(2Hi+b)+\sqrt{ab(2Hi+a)(2Hi+b)}\right]$$

式中: A——路面面积(m^2);

B——沟底宽度(m);

L——沟长度(m);

H——沟(坑)深度(m);

i——放坡系数;

a——人孔坑底短边长度(m);

b——人孔坑底长边长度(m);

V_1——沟体积(m^3);

V_2——人孔坑体积(m^3)。